东南交通·青年教师·科研论丛

即插即用式光纤陀螺全站仪组合定向技术

于先文 著

东南大学出版社
SOUTHEAST UNIVERSITY PRESS

内容提要

GPS测量技术的一个重要优势是不需点间通视，于是在地面日常测量中希望有简捷的单点定向技术与GPS测量技术相配合。鉴于光纤陀螺具有全固态、数字输出、启动快等优点，将其与全站仪组合，实现即插即用，完成定向后卸去光纤陀螺，全站仪可继续进行日常测量工作。本书共分三大部分，第一部分主要叙述了需求背景、组合定向的地理基础、全站仪的主要构造、光纤陀螺定向原理及误差特性；第二部分主要介绍了组合方案、操作方法，建立了观测方程以及坐标方位角计算公式，介绍了组合常参数标定的条件、方法，分别对常参数标定精度和定向精度进行了分析，介绍了光纤陀螺全站仪组合定向的应用方法；第三部分介绍了原理样机的硬件制成、解算软件开发以及常参数标定过程，利用原理样机进行了外业测试及精度分析。

本书可作为惯性技术应用、测绘工程、测绘仪器等技术领域的科技人员、工程技术人员的参考书籍。

图书在版编目(CIP)数据

即插即用式光纤陀螺全站仪组合定向技术/于先文著．—南京：东南大学出版社，2014.12

(东南交通青年教师科研论丛)

ISBN 978-7-5641-5416-5

Ⅰ.①即… Ⅱ.①于… Ⅲ.①即插即用技术—光学陀螺仪—全站型光电速测经纬仪—研究 Ⅳ.①TN965

中国版本图书馆CIP数据核字(2014)第303013号

即插即用式光纤陀螺全站仪组合定向技术

著　　者 于先文

责任编辑 丁　丁

编辑邮箱 d.d.00@163.com

出版发行　东南大学出版社
社　　址　南京市四牌楼2号　邮编：210096
出 版 人　江建中
网　　址　http://www.seupress.com
电子邮箱　press@seupress.com
经　　销　全国各地新华书店
印　　刷　南京玉河印刷厂
版　　次　2014年12月第1版
印　　次　2014年12月第1次印刷
开　　本　787 mm×1092 mm　1/16
印　　张　8.5
字　　数　185千
书　　号　ISBN 978-7-5641-5416-5
定　　价　38.00元

总　序

在东南大学交通学院的教师队伍中，40 岁以下的青年教师约占 40%。他们中的绝大多数拥有博士学位和海外留学经历，具有较强的创新能力和开拓精神，是承担学院教学和科研工作的主力军。

青年教师代表着学科的未来，他们的成长是保持学院可持续发展的关键。按照一般规律，人的最佳创造年龄是 25 岁至 45 岁，37 岁为峰值年。青年教师正处于科研创新的黄金年龄，理应积极进取，以所学回馈社会。然而，青年人又处于事业的起步阶段，面临着工作和生活的双重压力。如何以实际行动关心青年教师的成长，让他们能够放下包袱全身心地投入到教学和科研工作中？这是值得高校管理工作者重视的问题。

近年来，我院陆续通过了一系列培养措施帮助加快青年人才成长。2013 年成立了“东南大学交通学院青年教师发展委员会”，为青年教师搭建了专业发展、思想交流和科研合作的平台。从学院经费中拨专款设立了交通学院青年教师出版基金，以资助青年教师出版学术专著。《东南交通青年教师科研论丛》的出版正是我院人才培养措施的一个缩影。该丛书不仅凝结了我院青年教师在各自领域内的优秀成果，相信也记载着青年教师们的奋斗历程。

东南大学交通学院的发展一贯和青年教师的成长息息相关。回顾过去十五年，我院一直秉承“以学科建设为龙头，以教学科研为两翼，以队伍建设为主体”的发展思路，走出了一条“从无到有、从小到大、从弱到强”的创业之路，实现了教育部交通运输工程一级学科评估排名第一轮全国第五，第二轮全国第二，第三轮全国第一的“三级跳”。这一成绩的取得包含了几代交通人的不懈努力，更离不开青年教师的贡献。

我国社会经济的快速发展为青年人的进步提供了广阔的空间。一批又一批青年人才正在脱颖而出，成为推动社会进步的重要力量。世间万物有盛衰，人生安得常少年？希望本丛书的出版可以激励我院青年教师更乐观、自信、勤奋、执着的拼搏下去，搭上时代发展的快车，更好地实现人生的自我价值和社会价值。展望未来，随着大批优秀青年人才的不断涌现，东南大学交通学院的明天一定更加辉煌！

王炜

2014 年 3 月 16 日

前　言

定向在测绘工作中占有非常重要的地位。一是它的必要性，无论日常测图还是全站仪放样，不进行定向，将无法继续进行测绘工作，定向精度差了，测绘成果精度也相应较差；二是它的频繁性，几乎每一个测绘任务，甚至每一次全站仪架设都需要进行定向。

在20世纪50年代以前，地下矿井的巷道测量定向是一个非常棘手的问题。随着机械陀螺经纬仪的出现，很好地解决了单点定向问题，使得地下巷道测绘成果精度得到了极大的提高。对于早期地面日常测绘工作，由于地面高等级控制点较多、地面控制测量本身就需要布成点间通视的网状形式，极少出现需要进行单点定向的问题。

然而，随着GPS测绘技术在控制测量中的快速普及、城镇测绘任务的增多以及测绘周期的缩短，通视困难地区的全站仪定向问题也日渐突出。GPS测绘技术的一大优势就是不需点间通视，但在由GPS测量技术得到的控制点上架设全站仪又需要有另一个通视的控制点定向，这使得GPS测绘技术的优势没有得到充分发挥，同时也给在城镇地区的GPS控制点布设带来了困难。

现有的机械陀螺全站仪组合虽能很好地解决单点定向问题，但从便携性、操作性、经济性等角度看，其难以在地面日常测绘中普及应用。当前，光纤陀螺以其全固件、数字化输出、启动快、寿命长等优点，已在导航领域逐步取代机械陀螺，成为惯性传感器的主力军。再考虑到全站仪已是测绘工作中最为常规的仪器，于是将光纤陀螺与全站仪组合，即插即用，完成单点定向后，可以继续利用全站仪进行测绘工作的技术思路应运而生。

通过几年的理论研究和技术攻关，形成了组合方法、常参数标定方法、应用方法、操作方法、定向解算、误差分析等理论成果。在此基础上，研制了原理样机，编制了相应软件，并利用原理样机进行了外业测试。外业测试结果表明，理论方法和相应公式是正确的，测试结果与仿真结果基本吻合。

本书共分8章。第一章，主要介绍了工程需求背景、单点定向的技术现状以及光纤陀螺的发展情况；在此基础上，梳理了即插即用式光纤陀螺全站仪组合的技术难点及解决方案。第二章，介绍了组合定向涉及的坐标系、地球椭球上的点线面，以及方位角、子午线收敛角、垂线偏差等概念。第三章，介绍了全站仪的主要构造、主要轴系关系、为组合定向所能提供的数据，以及方向观测误差及处理方法。第四章，论述了光纤陀螺的工作原理、定向原理，以及光纤陀螺的误差特性。第五章，为本书的核心部分，主要阐述了即插即用式光纤陀螺全站仪组合的技术方案、硬件组合方法、操作方法，建立了精确的观测方程，并进一步得到实用的全站仪望远镜视准轴方位角计算公式；在此基础上，分析了定向结果的系统误差和偶然误差，给出了光纤陀螺选型公式。第六章，阐述了即插即用式光纤陀螺全站仪组合常参数的意义，以及常参数标定的条件、方法，并对标定的精度进行了分析。第七章，阐述了即插即用式光纤陀螺全站仪组合的应用方法、应用场合，并以地籍测量为例，讨论了光纤陀螺的等级选择问题。第八章，介绍了原理样机各主要部件的选型、解算软件的开发以及原理样机的常参数出厂标定，并介绍了原理样机及解算软件的测站操作过程和精度测试情况。

本书研究内容的开展得到了“十一五”国家科技支撑计划课题“新型惯导与全站仪、GPS集成地籍调查设备研制”、江苏省测绘科研基金项目“即插即用式光纤陀螺/全站仪组合定向方法研究”的资助。本书有幸出版，得到了江苏省优势学科建设资助。此外，还要感谢东南大学交通学院青年教师发展委员会，给予青年教师专著出版的支持与帮助。

本书研究内容的开展以及本书的出版都得到了我的博士生导师王庆教授的悉心指导和大力支持。在研究内容开展期间，东南大学仪器科学与工程学院王宇博士对本书的研究内容提出了宝贵的意见并给予了实验支持，实验室硕士研究生范开喜、王宇飞、衣昌明参与了原理样机的电源开发、解算软件编写及测试工作。同时，本书研究内容的开展过程中，也得到了实验室潘树国教授、王慧青副教授的帮助。在此，本人对以上老师和同学表示深深的感谢！此外，本书的撰写也参阅了大量的文献资料，在此也对这些文献的原作者们表示敬意和感谢！

由于笔者的专业视野及理论水平有限，书中难免有不妥和疏漏之处，敬请读者批评指正，以求共同进步。

目　录

第一章　绪　　论

1.1　需求背景

1.1.1　测绘需求

随着我国国民经济的快速发展，城镇范围正在不断扩大，城镇内部改造也在不断推进，城市道路建设、居民小区开发、商业楼宇建设、管线改造等大量工程项目持续不断上马。对于一个工程项目来说，项目前期，通常需要进行地形图测绘，为工程设计提供基础图件；工程建设过程中，需要进行施工测量，以保证工程施工按照设计图件进行；工程竣工后，通常需要进行竣工测绘，形成竣工图件。可见，测绘工作贯穿于城镇建设的整个过程中。

同时，随着城镇面貌的更新，大量地理信息和不动产权属界线发生了变化，可以说，这种变化每天都在进行。政府部门为了便于进行不动产权属管理和城市规划建设等工作，需要及时地进行城镇地籍测绘工作，以维持地籍数据的现势性。城镇地籍测绘的成图比例尺大、精度要求高、覆盖面广、现势性强，其成果具有法律特性，因此地籍测绘是一项日常的、周期的、特殊的城镇测绘工作。然而，由于在城镇区域测绘难度大、地籍测绘工作量大等原因，目前还有不少城镇的地籍数据欠缺或现势性较差。面对地籍测绘历史欠账、当前城镇化的快速推进，以及不动产权属管理要求的提高，我国城镇地籍测绘工作任务将更加繁重。

总之，随着城镇化的发展，城镇工程测绘、城镇地籍测绘的工作量越来越大、作业周期要求越来越短，迫使相应的测绘技术必须不断进行技术革新，以使城镇测绘达到工作强度小、作业速度快、测绘成本低的效果。

1.1.2　城镇测绘技术现状

城镇测绘在步骤上可分为控制测量和碎部测量两个过程。控制测量的目的是在测区内测得足够密度的图根控制点，碎部测量的目的是在这些图根点的基础上，测得碎部点坐标。

现有的城镇测绘技术主要有导线测量方法、GPS-RTK 测量方法两种,它们的主要区别在控制测量部分。

1) 导线测量

如图 1.1 所示,导线测量是从一个已知控制点出发,将相邻控制点用直线连接起来,形成蛇状,最后附合到另一个已知控制点或闭合到出发的已知控制点,构成导线。利用全站仪(Total Station, TS)测得导线各边边长及相邻边的夹角,进而解得各控制点的坐标。

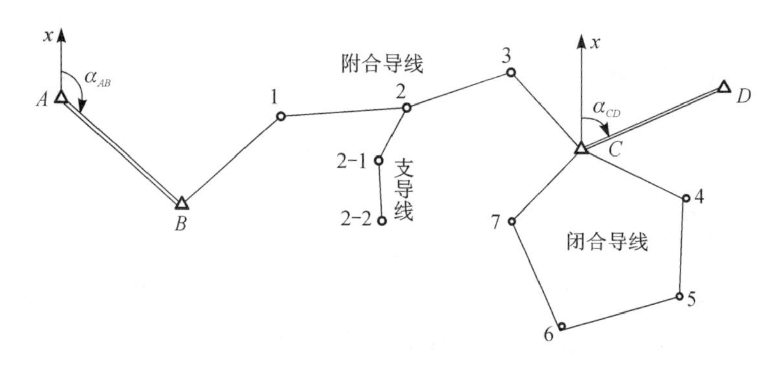

图 1.1 导线示意图

图 1.2 为某城镇的局部三维图。从图可见,城镇建筑物密集、树木较多,这严重影响了导线相邻点间的互相通视,在这种环境下进行图根导线测量难度很大。首先,由于建筑物、围墙遮挡,以及导线技术指标限制,有些图根点点位选择不利于后期碎部点观测,很多小巷、单位围墙内难以进行图根点布设。其次,在导线施测过程中,由于车辆、人流较多,严重影响点间通视,使得测量工作进展缓慢。再次,长时间在道路上架设仪器观测,既影响了交通,测量工作人员本身安全也受到了较大威胁。

图 1.2 某城镇的局部三维图

因此，随着对地籍数据现势性要求的不断提高，这种利用导线方法完成控制测量的缺点也日益凸显。

2）GPS-RTK 测量

全球定位系统(Global Positioning System，GPS)是一个基于人造卫星的可实现测速、授时、定位的现代技术。GPS一出现就在测量上得到了迅速应用。GPS测量原理如图 1.3 所示，地面 GPS 接收机接收到至少四颗 GPS 卫星信号，通过对信号进行解析得到每颗卫星的坐标及距地面测站的距离，利用后方距离交会原理，即可解得测站坐标。理论和实践均表明，由 GPS 卫星、测站构成的多面体体积越大，测量结果精度越好。

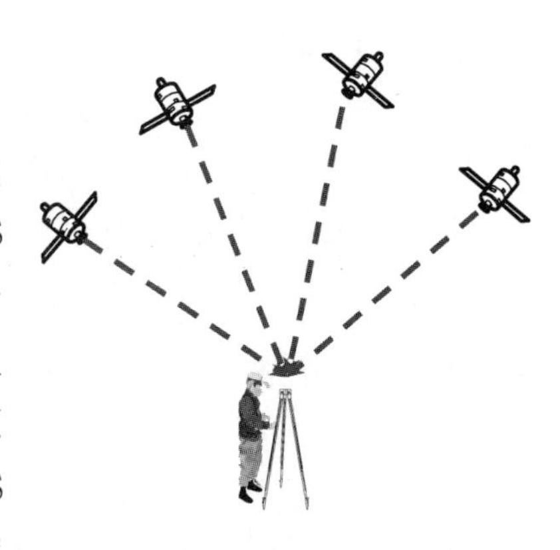

图 1.3 GPS 测量原理示意图

实时动态测量(Real Time Kinematic，RTK)技术是 GPS 测量的一种技术方式，是以载波相位为观测量，利用差分技术实现实时高精度定位。

相对导线测量技术，GPS-RTK 技术具有明显的优点：作业速度快，劳动强度低，节省了外业费用，提高了工作效率，点位精度均匀，没有误差积累，不要求两点间满足光学通视，操作简便。

但是，由于城镇内部建筑物和树木的遮挡，使得 GPS 接收机上方的视空较小，可视卫星较少，严重影响了 GPS 接收机的定位精度，经常出现定位精度满足不了测量要求的现象。甚至在一些楼宇间，接收不到四颗 GPS 卫星信号，无法实现定位。因此，作业人员不得不携带 RTK 流动站接收机寻找开阔地方，期盼实现厘米级定位。同时，为了满足后阶段碎部点测量需要，RTK 作业时既要保证图根点具有一定的密度，又要考虑图根点间的通视及距离。这些无疑会增加图根点布设的难度，导致工作量的增加和工程周期的延长，使得 GPS 定位技术所具有的控制点间不需要通视的优势没有得到有效发挥。

3）碎部测量

如图 1.4 所示，点 P、点 G 为已知图根点，点 1 为待测碎部点，N 为北方向。在图根点 P 上安置全站仪，测得$\angle GP1$ 为 β_{G1}，点 P、点 1 间距离为 D_{P1}。利用点 P、点 G 坐标反算出坐标方位角 α_{PG}。于是可得 $P1$ 方向的坐标方位角：

$$\alpha_{P1} = \alpha_{PG} + \beta_{G1} \tag{1.1}$$

利用 α_{P1} 和 D_{P1} 即可算得点 1 相对于点 P 的坐标增量，加上点 P 的坐标，即可得点 1 的坐标。

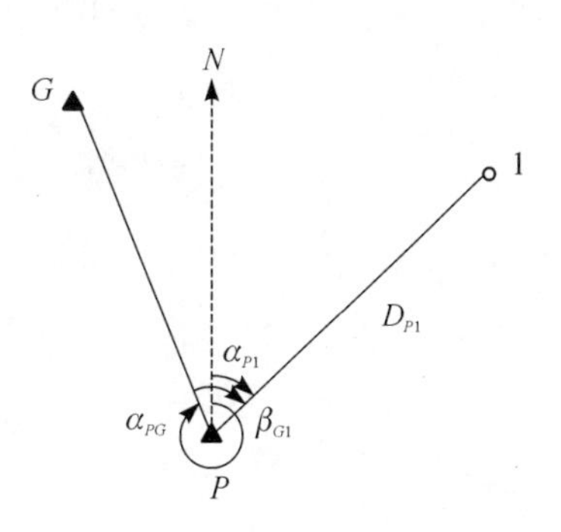

图 1.4 碎部测量示意图

以上即是碎部测量的过程。以此方法,可逐个测得各碎部点坐标。

由上述过程可见,后视点 G 的目的是为了通过 α_{PG} 来获得方位角 α_{P1}。为了提高反算坐标方位角 α_{PG} 的精度,点 P、点 G 间距离必须大于一定的技术指标。

对于传统的导线法来说,碎部测量时,后视点是天然存在的;但对于 GPS-RTK 法来说,后视点是特意为碎部测量定向而测得的。在城镇区域,由于建筑物、树木遮挡,进行 RTK 高精度测量本来就比较困难,如果为了定向的需要,再测得一个距离满足一定要求的后视点,无疑会大大增加 RTK 测量的难度和作业时间,GPS 不需通视的优势并没有得到很好发挥。

设想,如果碎部测量时,不需后视点,直接在测站上就能得到方位角 α_{P1},这将使 GPS 的不需点间通视的测量优势得到充分发挥,很好地缓解 RTK 测量点位选择的压力,显著缩短外业作业时间。

现在常用于矿山井下测量的机械陀螺经纬仪(全站仪)即能满足上述技术要求,实现单点定向。

1.2 机械陀螺经纬仪(全站仪)

1.2.1 机械陀螺经纬仪(全站仪)定向原理

现有机械陀螺经纬仪(全站仪)是将机械陀螺与经纬仪或全站仪组合,利用机械陀螺寻北,进而得到经纬仪或全站仪视准轴的北向。

1) 机械陀螺工作原理

图 1.5 所示为一个两自由度陀螺仪,陀螺仪外框可以绕 Z 轴转动,内框可以绕 Y 轴转动,内框内部有个绕自转轴高速旋转的转子,自转轴与 X 轴重合。X 轴、Y 轴、Z 轴相互垂直,三轴交点为陀螺仪的自由度支点,该支点与转子重心重合。

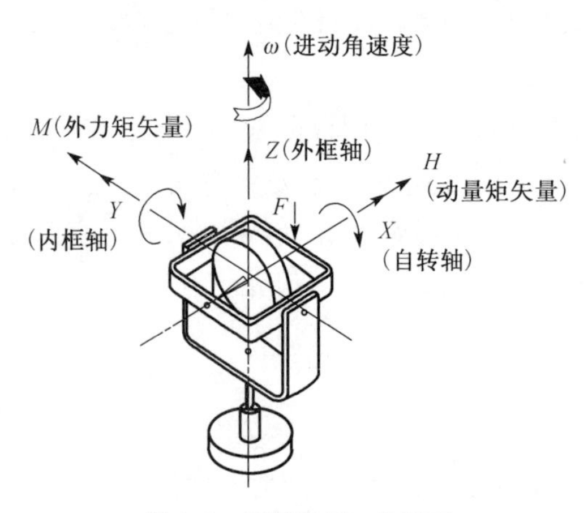

图 1.5 机械陀螺工作原理

该转子的动量矩矢量方向符合右手定则，即右手伸开，四指顺着转动方向抓住旋转轴，右手拇指指向的 X 轴方向即为动量矩矢量方向，也即旋转角速度矢量方向。

在没有任何外力影响下，无论整个陀螺仪如何运动，自转轴在惯性空间中维持不动，都始终指向于惯性空间中某一方向，这个性质称为陀螺的定轴性。

如果在垂直于 X 轴与 Y 轴形成的平面，对陀螺仪自转轴施加一个外力 F，则对旋转的陀螺转子形成了一个外力矩，该外力矩矢量与 Y 轴重合，方向依然符合右手定则。在这种情况下，动量矩矢量方向（X 轴方向）将绕 Z 轴转动，以最短的路径追赶外力矩矢量方向，这种现象称作陀螺的进动性。

机械陀螺的定轴性和进动性是机械陀螺寻北的理论基础。

2）机械陀螺的寻北原理

下面以悬挂式机械陀螺为例，来说明机械陀螺的寻北原理。如图 1.6 所示，对图 1.5 所示的陀螺仪进行改造，将陀螺仪通过 Z 轴悬挂于一个壳体内，再将该壳体安装在经纬仪或全站仪上，形成机械陀螺经纬仪（全站仪）。在这种情况下，陀螺仪自由度支点转移到了悬挂点 O，陀螺仪重心处于支点下方，X 轴平行于自转轴，Z 轴为陀螺重心与支点的连线。

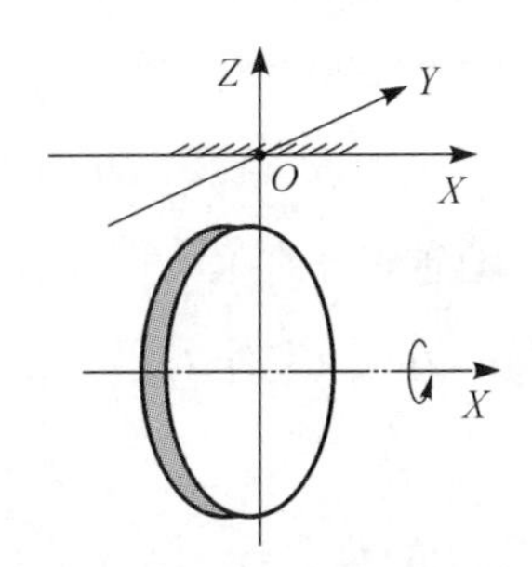

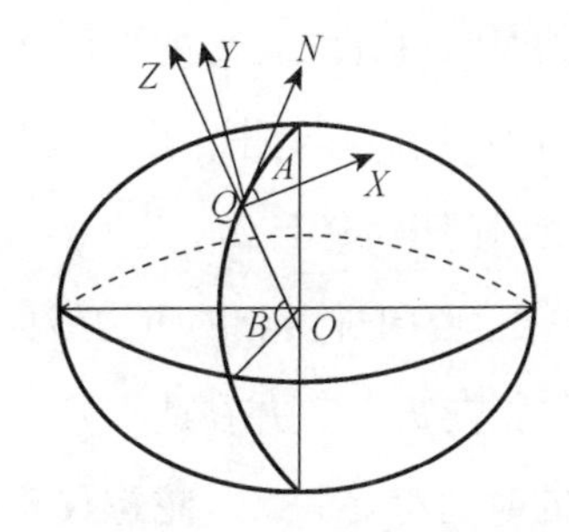

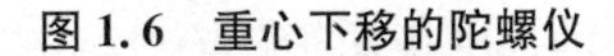

图 1.6 重心下移的陀螺仪

图 1.7 陀螺仪各轴与地球自转轴的关系

如图 1.7 所示，将机械陀螺经纬仪（全站仪）安置在一地面点 Q 上，X、Y、Z 为陀螺仪三轴方向，QN 为测站子午面与 XY 平面的交线，Z 轴与地球赤道面的夹角为 B，X 轴与 QN 的夹角为 A。设地球自转角速度矢量为 Ω_e，由于陀螺仪随地球一起旋转，则 Ω_e 在 X 轴、Y 轴、Z 轴上的分量分别为 Ω_{eX}、Ω_{eY}、Ω_{eZ}。

则有

$$\Omega_{eX} = \Omega_e \cos B \cos A \tag{1.1}$$

$$\Omega_{eY} = \Omega_e \cos B \sin A \tag{1.2}$$

$$\Omega_{eZ} = \Omega_e \sin B \tag{1.3}$$

根据陀螺的定轴性，X 轴应指向惯性空间某一方向，即从惯性空间看，地平面绕 X 轴做西抬高东降低旋转，绕 Y 轴做南抬高北降低旋转，绕 Z 轴做远离 X 轴向 Y 轴方向旋转;从地平面看,陀螺仪 X 轴方向在抬高,Y 轴方向在降低,且 X 轴与 Y 轴绕 Z 轴由西向东旋转。

如图 1.6 所示,当陀螺仪做上述转动时,陀螺仪重心偏离通过支点的铅垂线,由于重力的作用,形成了重力矩 F。根据陀螺的进动性,重力矩矢量在 X 轴的分量对陀螺仪自转轴的进动没有影响,在 Y 轴的分量对陀螺仪自转轴产生进动影响,使得陀螺仪自转轴与 X 轴一起绕 Z 轴向 Y 轴方向进动,即以角速度 Ω_{FZ} 由东向西转动。

图 1.8 为垂直于测站子午线方向的一个平面,P_3P_6 为该平面与测站子午面的交线,P_1P_5 为该平面与测站水平面的交线。t_1 时刻,陀螺仪 X 轴、Y 轴水平,Z 轴与测站重力线重合,陀螺仪自转轴指向 P_1 点。

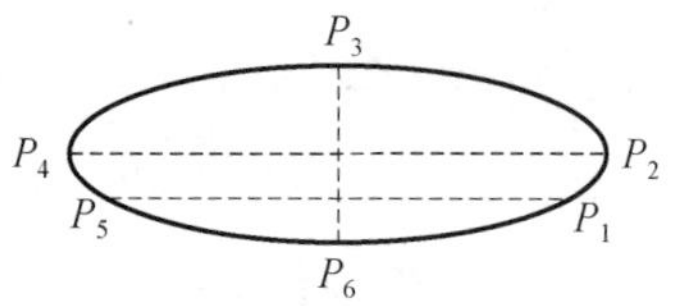

图 1.8　陀螺仪自转轴寻北时的指向轨迹

在随后的时间里,由于 Ω_{eY} 的作用,陀螺仪自转轴上翘,陀螺仪重心偏离过支点的重力线,形成重力矩 F,产生向西的进动角速度 Ω_{FZ}。随着陀螺仪自转轴上翘,Ω_{FZ} 不断增加,逐步抵消由于 Ω_{eZ} 引起的陀螺仪自转轴向东旋转的速度。到 t_2 时刻,Ω_{FZ} 与 Ω_{eZ} 大小相等,陀螺仪自转轴指向 P_2 点,并在此点发生指向逆转。

在随后的时间里,由于 Ω_{eY} 的作用,陀螺仪自转轴继续上翘,Ω_{FZ} 大于 Ω_{eZ},陀螺仪自转轴向西转动,在 t_3 时刻,与测站子午面重合,指向 P_3 点。根据式(1.2),此时 $\Omega_{eY}=0$。

在随后的时间里,由于 Ω_{FZ} 大于 Ω_{eZ},陀螺仪自转轴越过子午面继续向西转动,导致 $\Omega_{eY}<0$,陀螺仪重心向过支点的重力线回归,Ω_{FZ} 在减小,在 t_4 时刻,Ω_{FZ} 与 Ω_{eZ} 大小相等,陀螺仪自转轴指向 P_4 点,并在此点发生指向逆转。

在随后的时间里,$\Omega_{eY}<0$,陀螺仪重心继续向过支点的重力线回归,在 t_5 时刻,陀螺仪重心与过支点的重力线重合,$\Omega_{FZ}=0$,陀螺仪自转轴水平指向 P_5 点。

在随后的时间里,由于 $\Omega_{eY}<0$,陀螺仪自转轴下斜,陀螺仪重心偏离过支点的重力线,形成重力矩 F,产生向东的进动角速度 Ω_{FZ}。陀螺仪自转轴在 Ω_{FZ} 和 Ω_{eZ} 共同作用下向东转动,在 t_6 时刻,到达测站子午面,指向 P_6 点,此时 $\Omega_{eY}=0$。

在随后的时间里,陀螺仪自转轴越过子午面向东转动,$\Omega_{eY}>0$,陀螺仪重心继续向过支点的重力线回归,直至陀螺仪 X 轴、Y 轴水平,Z 轴与测站重力线重合,陀螺仪自转轴指向 P_1 点。

陀螺仪周而复始地重复上述过程,取 P_2、P_4 的平均位置,即得测站子午面方向。

机械陀螺经纬仪(全站仪)的出现极大地解决了一些地下工程的定向问题,提高了地下工程的测量精度和工作效率。目前,机械陀螺经纬仪(全站仪)被广泛地应用于军事、矿山、隧道、森林及海洋等领域的定向测量中。

1.2.2 机械陀螺经纬仪(全站仪)的发展

机械陀螺经纬仪(全站仪)根据其灵敏部的悬挂形式不同可分为液浮式、悬挂式、磁悬浮式等。根据陀螺仪和经纬仪(全站仪)的相对位置不同可分为上架式和下架式。根据陀螺仪工作的自动化程度又可分为全自动式、半自动式、手动式。

机械陀螺经纬仪(全站仪)的发展,大致可划分为三个阶段:

第一阶段,20 世纪 50 年代,在船舶陀螺罗盘的基础上,研制出矿山用液体漂浮式陀螺罗盘仪。

第二阶段,20 世纪 60 年代,在矿山陀螺罗盘的基础上发展成下架悬挂式陀螺经纬仪。其利用金属悬挂带把陀螺灵敏部位在空气中悬挂,相对液浮式来说,结构大为简化。

第三阶段,20 世纪 70 年代,随着精密小型陀螺原件的出现,发展出上架悬挂式陀螺经纬仪。

从 20 世纪 80 年代以来,随着电子技术、计算机技术的发展,以及全站仪的出现,将陀螺仪和全站仪组合,并利用自动化技术,形成了半自动机械陀螺全站仪,并进一步发展成全自动机械陀螺全站仪。

由上可见,机械陀螺经纬仪(全站仪)的发展主要依赖于陀螺技术的发展。

1.2.3 机械陀螺经纬仪(全站仪)定向方法

机械陀螺是利用陀螺自转轴在测站子午面两侧来回对称摆动,来获得陀螺自转轴的平均位置,进而得到测站子午线方向的。

1) 仪器常数测定

理论上,机械陀螺经纬仪(全站仪)的陀螺自转轴稳定位置、观测自转轴摆动的分划板零线、经纬仪(全站仪)视准轴等应该在一个铅垂面内。但由于仪器结构误差,使得它们并不完全处于一个竖直平面内。因此,当利用陀螺仪自转轴寻北,利用经纬仪(全站仪)视准轴瞄准目标时,测得的真方位角与准确的真方位角之间存在差异,这个差异称作机械陀螺经纬仪(全站仪)的仪器常数。

如图 1.9 所示,设在测站 Q 上,利用机械陀螺经纬仪(全站仪)进行定向。QN 为测站子午线北方向,QX 为寻北时陀螺自转轴平均位置,QO 为寻北时分划板零线方向,QS 为经纬仪(全站仪)视准轴方向,QG 为定向边。

当测量 QG 方向真方位角时,先利用仪器进行寻

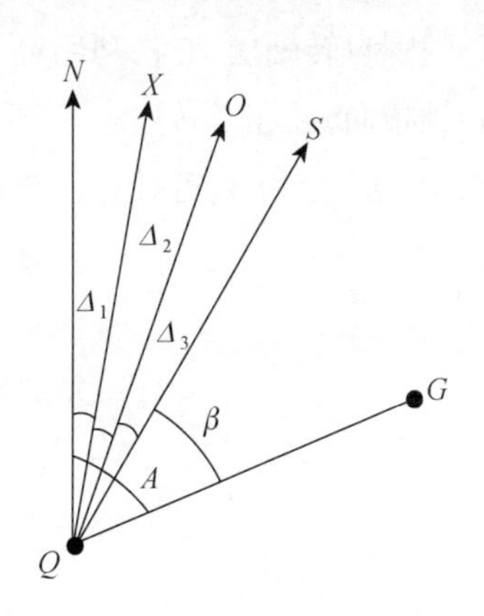

图 1.9 仪器常数的概念示意图

北。由于多种因素影响，使得陀螺仪自转轴摆动的平均位置 QX 与测站子午线北方向 QN 不重合，之间夹角为 Δ_1；通过目视镜读数，测得分划板零线方向 QO 与 QX 的夹角为 Δ_2；经纬仪（全站仪）视准轴方向 QS 与 QO 的夹角为 Δ_3。寻得北方向后，经纬仪（全站仪）转过 β 角度，瞄准 G 点。于是，测得 QG 方向的真方位角：

$$\widetilde{A} = \Delta_2 + \beta \tag{1.4}$$

QG 方向准确的真方位角为 A，则仪器常数为

$$\Delta = \Delta_1 + \Delta_3 = A - \widetilde{A} = A - \Delta_2 - \beta \tag{1.5}$$

为了得到仪器常数，在仪器使用前需进行仪器常数测定。仪器常数测定需在已知真方位角 A 的边上进行。先利用陀螺仪测得 $\widetilde{A}$，然后利用式(1.5)得到仪器常数。

由式(1.5)可见，仪器常数 Δ 的精确度取决于已知边真方位角 A 的精确度，以及 Δ_2、β 的测量精确度。

仪器常数 Δ 由 Δ_1 和 Δ_3 构成，当出现可能使 Δ_1 和 Δ_3 发生变化的情形时，即需要重新进行仪器常数测定。一般情况下，以下情况应重新进行仪器常数测定：时间间隔两个月以上，或测量次数超过 100 次，或公路运输超过 1 500 公里，或机械陀螺经纬仪（全站仪）拆分过。

2) 机械陀螺经纬仪（全站仪）寻北方法

机械陀螺经纬仪（全站仪）寻北的目的是测定图 1.9 中的分划板零线方向 QO 与陀螺自转轴摆动平均位置 QX 的夹角 Δ_2。寻北的方法很多，大致可以分为两大类，一类是分划板零线处于跟踪状态，如跟踪逆转点法、阻尼跟踪法等；另一类是分划板零线处于固定状态，如中天法、积分法、摆幅法、时差法、记时摆幅法等。下面对跟踪逆转点法和中天法给予简单介绍。

(1) 跟踪逆转点法

开始寻北前，需将陀螺自转轴粗略定在真子午线方向 $\pm 2°$ 以内。

陀螺自转轴摆动时，利用经纬仪（全站仪）微动螺旋，使得陀螺仪分划板零线跟踪陀螺自转轴指向，并在逆转点时，读取经纬仪（全站仪）水平度盘数据：x_1、x_2、x_4、x_5、…，如图 1.10 所示。于是可计算自转轴平均位置在水平度盘上的位置：

$$\begin{cases} \theta_1 = \dfrac{1}{2}\left(\dfrac{x_1 + x_3}{2} + x_2\right) \\ \theta_2 = \dfrac{1}{2}\left(\dfrac{x_2 + x_4}{2} + x_3\right) \\ \cdots \end{cases} \tag{1.6}$$

$$\theta = \frac{\theta_1 + \theta_2 + \cdots + \theta_n}{n} \tag{1.7}$$

很显然，跟踪逆转法的Δ_2等于零。

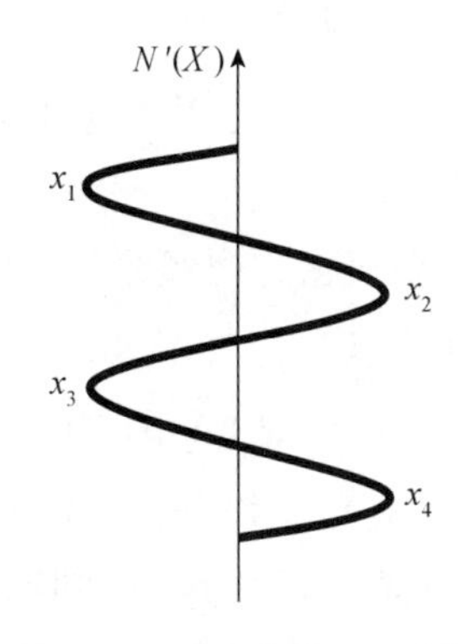

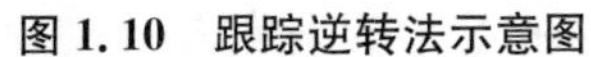
图 1.10 跟踪逆转法示意图

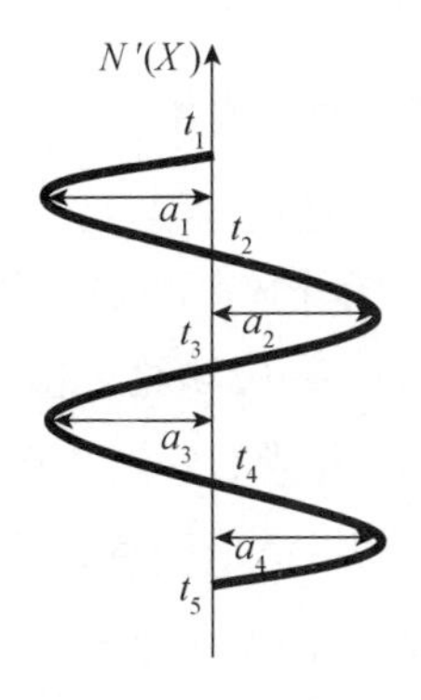

图 1.11 中天法示意图

(2) 中天法

开始寻北前，需将陀螺自转轴粗略定在真子午线方向±15′以内。

经纬仪(全站仪)照准部不动，并读取水平度盘读数θ。在陀螺自转轴摆动过分划板零线时，利用时间记录器记下时间t_1、t_2、t_3、…，利用分划板读取陀螺自转轴摆动幅值a_1、a_2、…，如图 1.11 所示。于是可计算分划板零线方向QO与QX的夹角Δ_2。

$$\begin{cases}\Delta t_{12} = t_2 - t_1 \\ \Delta t_{23} = t_3 - t_2\end{cases} \tag{1.8}$$

$$\Delta t = \Delta t_{12} - \Delta t_{23} \tag{1.9}$$

$$a = \frac{|a_1| - |a_2|}{2} \tag{1.10}$$

$$\Delta_2 = k \cdot \Delta t \cdot a \tag{1.11}$$

式中，k为比例常数，可以通过一定的方法测定。

1.2.4 机械陀螺经纬仪(全站仪)的不足

机械陀螺经纬仪(全站仪)的问世，极大地解决了地下矿井巷道测量、隧道内部施工测量的定向难题。在过去的地面测量中，由于常规控制测量的已知控制点较多，定向精度一般不成问题；由于控制点间通视，碎部测量的定向也不是问题。因此，地面测量对机械陀螺经纬仪(全站仪)的定向几乎没有什么需求。

近二十年来，由于 GPS 测量技术的迅速应用，特别是 RTK 技术的出现，使得地面测量对单点定向技术的需求迅速上升。GPS 测量具有速度快、工作强度小、点间不需通视等优势，特别适合在城镇、山区等一些通视困难地区的控制测量工作。但在随后的碎部测量中，又需要另一个控制点进行定向，这使得 GPS 的优势没有得到很好的发挥。如果能利用机械陀螺经纬仪（全站仪）进行单点定向，则能很好地解决这种矛盾。

但实际工作中，极少有测绘单位在地面测量中，利用机械陀螺经纬仪（全站仪）配合 GPS 测量技术进行测量。分析原因，主要有如下几点：

（1）机械陀螺经纬仪（全站仪）价格太昂贵。一台机械陀螺经纬仪（全站仪）少则几十万，多则上百万，这对一般测绘单位来说是个不小的负担。

（2）设备较重，携带不方便。在经纬仪（全站仪）的基础上，添加了数公斤的陀螺仪，使得设备箱体积较大，重量较重，再加上供电装置，使得整个设备携带很不方便。

（3）设备有精密部件，在保管、运输、操作等各环节，对技术要求都比较高。

（4）使用较为麻烦。经常性的仪器常数测定和寻北过程的操作对技术要求都比较高，加上仪器比较精密、贵重，一般外业人员不愿使用。

1.3 光纤陀螺

1.3.1 光纤陀螺的发展

传统的机械陀螺仪体积大、制作加工困难、可靠性低，在性价比和寿命方面制约了惯性导航技术的进一步发展。早在 1913 年法国科学家萨格纳克（G. Sagnac）就论证了无运动部件的光学系统同样能够用于检测相对惯性空间的旋转，并首次采用环形光学干涉仪演示了这一效应。

直到激光器的发明，才以光学 Sagnac 效应为基础生产出环形激光陀螺。这种陀螺具有精度高、长期稳定性好、可靠性高、体积和重量小等优点。但环形激光陀螺也存在明显的缺点：在小转速时会出现“闭锁”现象，需要采用机械抖动装置来避免这种现象的发生；它的加工制作相当困难并且成本高昂。

随着光纤通信技术的发展和低损耗光纤的应用，用多匝光纤线圈代替光学环形谐振腔，并通过多次循环来增强 Sagnac 效应成为可能。1976 年，美国犹他州州立大学 V. Vali 和 R. Shorthill 教授对光纤陀螺（Fiber Optic Gyro，FOG）成功进行了实验演示，这标志着光纤陀螺真正从理论变成了现实。

由于光纤陀螺用作捷联式系统敏感元件的潜力非常大，近四十年来，越来越多的国内外研究机构加入了光纤陀螺的理论研究和产品开发领域。

在国外，研制光纤陀螺的部门和机构主要集中在欧美与日本。其中，美国在研发与制造光纤陀螺上起到了领军作用，霍尼韦尔公司、KVH 工业集团、诺思罗普·格鲁曼公司、Draper 实验室以及斯坦福大学等众多机构都在开发相关的关键技术，其中又以霍尼韦尔公司、KVH工业集团和诺思罗普·格鲁曼公司的影响力最大。欧洲国家中相对领先的光纤陀螺研发机构有法国的IXSEA公司、俄罗斯的光联公司和德国的LITEF公司等。2001年，由IXSEA公司研发的OCTANS光纤陀螺罗经系统成功用于法国的核潜艇上。俄罗斯的光联公司研究与制造的光纤陀螺产品主要包括SRS系列单轴式光纤陀螺、TRS系列的三轴式光纤陀螺、SGC系列的光纤陀螺罗盘和SINS系列的光纤陀螺式惯性导航系统等，已经应用于亚洲、欧洲等地的航空、航天、铁路、船舶、通信、兵器、电子等领域，并且该公司研制的高精度光纤陀螺已广泛应用于国内外的卫星上。

日本作为亚洲甚至世界的科技强国，在光纤陀螺研究领域也取得了非常瞩目的成就，其主要研究单位有日立公司、东京大学、三菱公司、东机美（TOKIMEC）公司、日本航空电子工业公司等。

中国的光纤陀螺研究和产品开发起步较晚，目前还处于初级阶段。由于光纤陀螺巨大的市场价值和对国防装备现代化的重要性，从1987年起光纤陀螺技术被列入国家重点发展计划中。航天科技集团13所、航天科工集团33所、北京航空航天大学、浙江大学、哈尔滨工程大学、中航618所、上海803所、中科院西安光机所等多家单位开展了光纤陀螺研究。目前，国内中低精度光纤陀螺技术基本成熟并具有一定的批量生产能力，中高等精度的大动态范围光纤陀螺在捷联系统中也已进入工程实用阶段。

1.3.2 光纤陀螺的特点

光纤陀螺相对于机械陀螺具有明显的优势，主要如下：

1）牢固稳定，使用寿命长

与传统机械陀螺相比，光纤陀螺的结构无任何转动部件和磨损部件，所有部件都是固定安装在陀螺的刚性骨架上，生产装配工艺简单，全固态结构，信号稳定可靠，使用寿命长。

2）体积小、重量轻

结构简单，零部件少，依赖光纤、光电检测装置进行工作，使得光纤陀螺的体积和重量都可以大幅度降低。

3）制造成本低，具有价格优势

一个产品的价格主要由研制成本、制造成本和销售成本决定。光纤陀螺的制造成本较低，随着产品的大范围应用，以及新产品的推出，光纤陀螺的价格将具有很大的优势。

4）测量动态范围大

测量动态范围可以从0°/h到1 300°/h。

5）全数字输出

便于和计算机直接连接，直接对输出的数据进行处理。

6）启动时间短，反应灵敏

理论上，供电仅需零点几秒就可以投入工作。在有角速率输入时，可以瞬时响应输出。

7）精度提高空间大

由于光纤陀螺可以通过增加光纤环圈数的方法以增大光纤环路所包围的面积，增强了光纤环中的 Sagnac 效应，随着光电检测技术的提高，相移检测的灵敏度也在不断提高。同时，随着对光纤陀螺误差源的认识深入，对误差的处理技术也在不断提高。因此，相对于机械陀螺来说，光纤陀螺的精度提高空间更大。

1.3.3 光纤陀螺的应用

光纤陀螺自问世以来，在各领域得到迅速应用。目前，在导航领域已基本取代机械陀螺，且应用领域在不断扩展。目前，主要应用领域有：

(1) 战略导弹、战术炮弹制导；

(2) 飞机、航海船只和潜艇导航；

(3) 卫星定向和跟踪；

(4) 天体望远镜的稳定和调向；

(5) 各种运载火箭；

(6) 光学罗盘及高精度寻北系统；

(7) 车辆导航、控制；

(8) 天线、摄像机的稳定和姿态获取，机器人控制；

(9) 石油钻井定向，竖井测斜；

(10) 武器动态瞄准。

1.4 即插即用式光纤陀螺全站仪组合定向

鉴于光纤陀螺无可比拟的优点，针对现实测量需求，将光纤陀螺和全站仪分别进行改造，形成可即插即用的组合定向系统，实现在只有一个控制点的情况下即可完成全站仪定向。

1.4.1 技术难点

所谓即插即用，是指在需要对全站仪进行单点定向时，在测站上将光纤陀螺快捷安装到全站仪上，完成定向后，光纤陀螺可以快速取下，全站仪可以继续进行常规测量工作。

为了得到全站仪视准轴坐标方位角，需解决如下三个问题：

（1）光纤陀螺敏感轴的坐标方位角获得。根据光纤陀螺工作原理，光纤陀螺只能测得其敏感轴与地球自转轴之间的夹角，该夹角为空间角。如何得到该夹角在水平面上的投影分量，也即光纤陀螺敏感轴在水平面上的投影与真北方向间的夹角？

（2）光纤陀螺敏感轴与全站仪之间的轴系关系建立。由于即插即用，使得每次使用时，光纤陀螺敏感轴与全站仪轴系间的夹角并不完全一致；为了方便使用，也不宜在现场标定出这些夹角。光纤陀螺敏感轴与全站仪视准轴及横轴间的夹角均未知，如何通过光纤陀螺敏感轴方位角为全站仪视准轴定向？

（3）仪器系统误差消除。光纤陀螺零偏在光纤陀螺每次开机加电后都是不一样的，如何克服未知的光纤陀螺零偏对定向的影响？如何防止全站仪的轴系间误差对定向的干扰？

只有圆满解决上述三个问题，才能达到即插即用、测站免标定、操作简单、角秒级定向的效果。

1.4.2 组合方案设计

为了解决上述三个问题，采用了如下技术策略：出厂时完成参数标定，定向时进行四位置测量，最后用特定公式计算获得全站仪视准轴方位角，技术流程如图 1.12 所示。

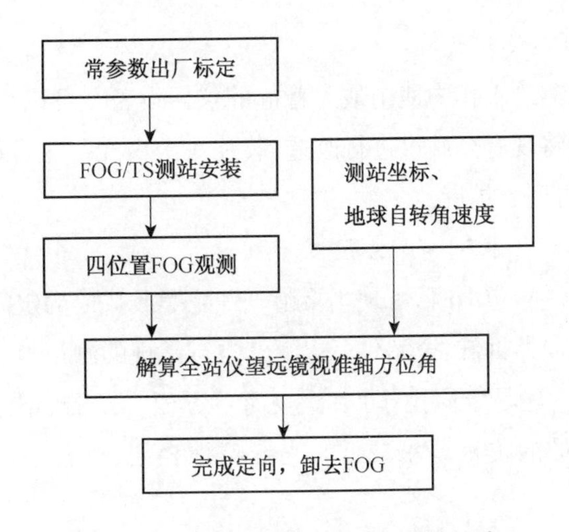

图 1.12 即插即用式组合定向技术方案

1）出厂标定

在仪器出厂前，将光纤陀螺安装到全站仪上，通过测试转台测出光纤陀螺敏感轴与全站仪水平度盘面平行时全站仪竖盘读数 θ_V，以此作为仪器组合常参数。当全站仪竖盘位于 θ_V 时，光纤陀螺敏感轴水平，根据测站纬度 B，可以测定光纤陀螺敏感轴的方位角。因此，出厂参数标定解决了第一个问题。

虽然，日常使用即插即用式光纤陀螺全站仪组合时，由于频繁插拔安装，使得连接装置变形，导致在全站仪竖盘读数为 θ_V 位置时，光纤陀螺敏感轴与全站仪水平度盘间并不完全平行，存在小的夹角。但这个小夹角对定向的影响将通过四位置观测予以抵消。

2）测站安装

该步骤的目的是为了能实现在全站仪整平对中完成的情况下，光纤陀螺的快捷安装和拆卸，同时为解决第二个问题奠定基础。

将光纤陀螺侧面加工一个插条，将全站仪望远镜侧面加工一个插槽和锁紧装置，使得光纤陀螺能固连到全站仪望远镜上。安装光纤陀螺后，需保证全站仪望远镜能在 180°范围内绕横轴自由转动。

3）四位置观测

为了解决第二个、第三个问题，通过全站仪水平和竖直转动带动光纤陀螺分别到东向、西向、西向补偿及东向补偿四个位置进行光纤陀螺静态观测，获得相应的观测值。

4）方位角解算

建立各位置观测方程，对各位置观测方程进行组合，消除各种轴系误差、陀螺安装误差、光纤陀螺零偏等系统误差的影响，得到精确的全站仪视准轴坐标方位角。

1.4.3 技术特点及应用领域

1）现有全站仪可以充分利用

全站仪现在已是测绘工作中使用最为普遍的仪器设备。可以说，几乎所有的测绘单位都已拥有全站仪。将现有全站仪进行改造，装配一个由光纤陀螺改造的定向器即可使用，使得全站仪功能得到了扩展。

2）可即插即用，操作简单，携带方便

当需要对全站仪进行定向时，可现场将由光纤陀螺改造成的定向器安装到全站仪上，定向完成后即可将定向器拆卸，全站仪可以继续进行常规的测角、测距作业。

无论是安装拆卸，还是定向操作，都比较简单方便。观测、记录和解算都由电子设备完成后，对操作人员的技术要求较低。光纤陀螺轻便、体积小，没有机械部件，携带方便。

3）改造简单

只需将光纤陀螺侧面加工一个插条，在全站仪望远镜侧面加工一个插槽及锁紧装置即可。连接装置选材上除了要求结实牢固、尽可能轻便外，没有特殊要求。由于具有安装误差自动抵偿功能，对连接装置的加工工艺要求不高。

4）作业时不需进行参数标定

通过四位置观测，利用相应的解算公式，可以实现安装误差、各种系统误差的自动抵偿,快速得到精确的全站仪视准轴方位角。除了仪器出厂时需要进行一次组合常参数标定外,测量现场不需要进行任何参数标定工作。

5)成本低,一般测绘单位可承受

改造成本低,光纤陀螺技术发展迅速,产品价格也日益走低。相对于现有的机械陀螺经纬仪(全站仪),仪器成本较低。

即插即用式光纤陀螺全站仪组合不但可以应用于城镇测绘工作,也可应用于山区、森林、矿井、隧道等领域的测绘工作。

第二章　组合定向的地理基础

2.1　地球自转

地球是太阳系八大行星之一，其在茫茫宇宙中永不停歇地绕着太阳做公转运动。同时为了维持自身平衡性，又以南北极点连线为自转轴，永不停歇地自西向东做自转运动，这种现象称作地球自转。地球自转是地球绕自转轴自西向东的转动，从北极点上空看呈逆时针旋转，从南极点上空看呈顺时针旋转。可以这么说，地球公转给人类带来了一年四季，地球自转给人类带来白天与黑夜。

人类对地球自转的认识是从无到有，并不断完善精确。古希腊的费罗劳斯、海西塔斯等人早已提出过地球自转的猜想，中国战国时代《尸子》一书中就已有"天左舒，地右辟"的论述；直到16世纪时，"太阳中心说"的创始人哥白尼依据相对运动原理从理论上提出了地球自转。可从哥白尼提出这一理论后的相当长一段时间内，这一理论只是停留在人们的主观认识上，直到19世纪才被法国的一位名叫傅科的物理学家，用自己设计的一项实验所证实。

为了证明地球在自转，傅科于1851年做了一次成功的摆动实验。实验在法国巴黎先贤祠最高的圆顶下方进行，摆长67 m，摆锤重28 kg，悬挂点经过特殊设计使摩擦减少到最低限度。这种摆惯性和动量大，因而基本不受地球自转影响而自行摆动，并且摆动时间很长。在傅科摆试验中，人们看到，摆动过程中摆动平面沿顺时针方向缓缓转动，摆动方向不断变化。分析这种现象，摆在摆动平面方向上并没有受到外力作用，按照惯性定律，摆动的空间方向不会改变，因而可知，这种摆动方向的变化，是由于观察者所在的地球沿着逆时针方向转动的结果，地球上的观察者看到相对运动现象，从而有力地证明了地球是在自转。

傅科摆放置的位置不同，摆动情况也不同。在北半球时，摆动平面顺时针转动；在南半球时，摆动平面逆时针转动。而且纬度越高，转动速度越快，在赤道上的摆几乎不转动，在两极极点旋转一周的周期则为23 h 56 min 4 s，简单计算可得地球自转角速度约15°/h。

目前，地球自转角速度 Ω_e 多采用 WGS84 椭球自转角速度，即国际大地测量和地球物理学联合会(IUGG)第 17 届大会的推荐值，$\Omega_e = 7\ 292\ 115 \times 10^{-11}$ rad/s，中误差为 $M_e = 0.15 \times 10^{-11}$ rad/s 。

2.2　地球椭球

地球自然表面极不平坦，其中既有高达 8 844.43 m 的珠穆朗玛峰，也有深至 11 022 m 的马里亚纳海沟。在这种高低起伏，极不规则的地球表面进行测量，对其结果进行计算是极其困难的。因此，需对地球形状进行研究，找到合适的测量计算基准面。

地球是一个两极稍扁，赤道略鼓的不规则球体，其表面海洋面积约占 71%，陆地面积仅占 29%。设想在地球表面有一个静止的水面，沿着等势位面无限延伸，由于受地球重力影响，其必然形成一个光滑的封闭曲面包围整个地球，这个封闭的曲面称为水准面。根据这个原理可以形成无数多个水准面。顾及到海水的涨落，求得平均海水面，其中通过平均海水面的一个水准面称作大地水准面。由大地水准面所包围的地球形体，称为大地体。由于地球表面海洋面积约占 71%，故可以大地体形状作为地球的形状。

大地水准面是受地球重力影响而形成的，它的特点是大地水准面上任意一点的铅垂线都垂直于该水准面。由于地球内部质量分布不均匀，地面上不同点上的重力方向和大小也不完全一样，且这种变化是缓慢而连续的，致使大地水准面成为一个光滑的、有微小起伏的、无法用数学严密描述的复杂曲面。很显然，在这个没有数学基础的复杂曲面上依然很难进行测量计算工作。

科技工作者经过几个世纪的观测和研究，选择了一个既非常接近大地体、又能用数学式表示的规则几何体来代表地球的实际形体，这个几何体是一个椭圆绕其短轴旋转而成的椭球体，称为地球椭球。

地球椭球体须满足以下条件：

(1) 椭球中心与地球质心重合；

(2) 椭球旋转轴与地球自转轴重合，赤道与地球赤道一致；

(3) 椭球体积与地球体积相等，且大地水准面与椭球间的高差平方和最小；

(4) 椭球质量与地球质量相等；

(5) 椭球旋转角速度与地球旋转角速度相等。

地球椭球的形状和大小可由如下五个基本元素决定：

(1) 椭球的长半径 a；

(2) 椭球的短半径 b；

(3) 椭球的扁率

$$o_e = \frac{a-b}{a}; \tag{2.1}$$

(4) 子午椭圆的第一偏心率 $e=\frac{\sqrt{a^2-b^2}}{a}$; (2.2)

(5) 子午椭圆的第二偏心率 $e'=\frac{\sqrt{a^2-b^2}}{b}$; (2.3)

我国建立的 54 北京坐标系应用的是克拉索夫斯基椭球;建立的 80 西安大地坐标系应用的是 1975 年国际椭球;而全球定位系统(GPS)应用的是 WGS84 系椭球体。表 2.1 列出了三个常见椭球体的参数值。

表 2.1 三个常见地球椭球体的参数值

	克拉索夫斯基椭球体	1975 年国际椭球体	WGS84 椭球体
a	6 378 245.000 000 000 0(m)	6 378 140.000 000 000 0(m)	6 378 137.000 000 000 0(m)
b	6 356 863.018 773 047 3(m)	6 356 755.288 157 528 7(m)	6 356 752.314 2(m)
o_e	1/298.3	1/298.257	1/298.257 223 563
e^2	0.006 693 421 622 966	0.006 694 384 999 588	0.006 694 379 901 3
e'^2	0.006 738 525 414 683	0.006 739 501 819 473	0.006 739 496 742 27

2.3 地球椭球的主要线和面

为了在地球椭球面上进行测量计算,就必须定义出地球椭球的主要线和面。

1) 子午圈和平行圈

如图 2.1 所示,包含椭球旋转轴的平面称作子午面,子午面与椭球面相截所得的椭圆叫做子午圈(或经圈)。在一个地球椭球中,所有子午圈的形状和大小都是一样的。垂直于椭球旋转轴的平面与椭球面相截所得的圆,叫做平行圈(或纬圈)。赤道是最大的纬圈,而南极点、北极点是最小的纬圈。

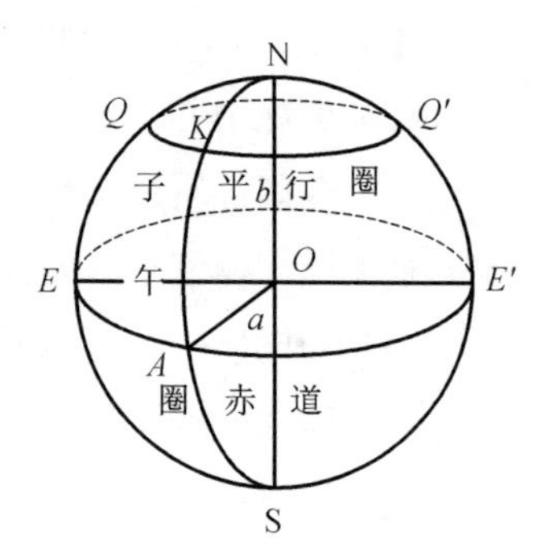

图 2.1 子午圈和平行圈

2) 法截面和卯酉圈

过椭球面上任意一点,都可以作一条垂直于椭球面的法线,包含这条法线的平面叫做法截面,法截面与椭球面的交线叫法截线(或法截弧)。通过椭球面一点的法截线有无数多个。其中,子午圈即是无数个法截线中的一个。在过椭球面上一点的无数个法截面中，有一个与该点子午面相垂直的法截面同椭球面相截形成的闭合圈，称为卯酉圈。如图2.2所示，PEE' 即为过 P 的卯酉圈。

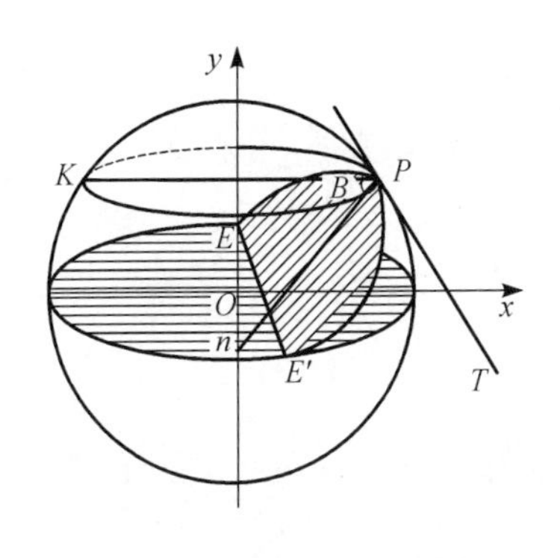

图 2.2　法截面与卯酉圈

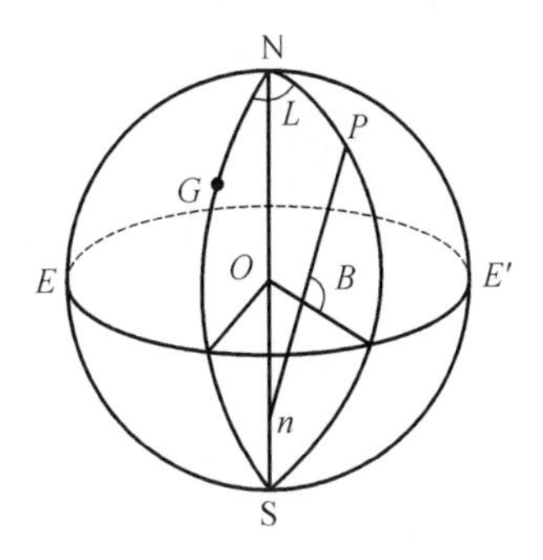

图 2.3　经度和纬度

3）经度和纬度

子午圈含南极点和北极点。南极点和北极点将子午圈分成两个大小相等的椭圆弧，这个从北极点到南极点的椭圆弧叫做子午线，也就是常说的经线。其中，通过格林尼治天文台（图 2.3 中 G 点）的那条子午线称作起始子午线，定义其经度为 0°。

如图 2.3 所示，从起始子午线起，子午线绕椭球旋转轴转动到椭球面上一点所转过的角度即为该点的经度，向东转为东经，向西转为西经。经度一般用 L 表示，取值范围为 0°～180°。过椭球面上的一点的法线与赤道面的夹角称作纬度。在北半球的点的纬度称作北纬，在南半球的点的纬度称作南纬。纬度一般用 B 表示，取值范围为 0°～90°。

2.4　高斯平面坐标

2.4.1　投影方法

虽然说在地球椭球面上进行测量计算及成图从技术上是可行的，但在平面上进行计算更为简单方便，成图更便于张贴、使用和保存。因此，需要将地球椭球上的图形投影到平面上。

将椭球面上的图形投影到平面必然会发生角度、长度、面积等要素变形。不同的投影方法具有不同的变形特点，日常测绘中，多希望采用等角投影的方式，同时还希望长度和面积变形不大。高斯投影即是满足上述要求，且使用非常广泛的一种投影方式。

如图 2.4 所示，高斯投影是假设一个椭圆柱面与地球椭球体面横切于某一条子午线上，该子午线称作中央子午线。设想在椭球中心有个光源，椭球面透明，椭球面上的图形被投影到椭圆柱面上，然后将椭圆柱面展开成平面，即完成了椭球面到平面的投影。该投影是 19 世纪 20 年代由德国数学家、天文学家、物理学家高斯最先设计，后经德国大地测量学家克吕格补充完善，故名高斯-克吕格投影，简称高斯投影。

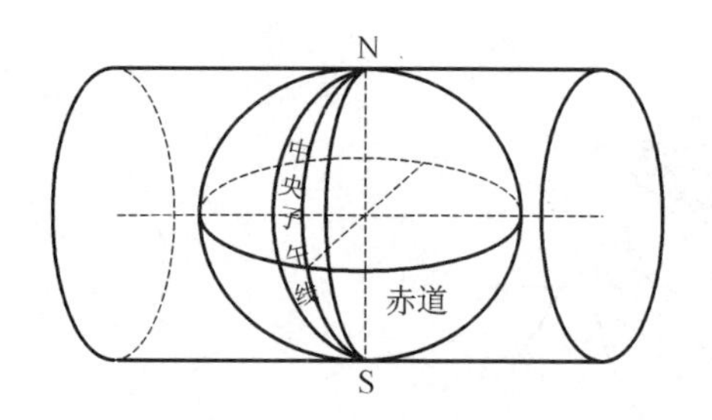

图 2.4　高斯投影原理

如图 2.5 所示，高斯投影具有以下特点：

(1) 中央子午线投影后为一条直线，变形为零；其他子午线投影后，均向中央子午线弯曲，并向两极收敛，同时还对称于中央子午线和赤道。

(2) 赤道投影后为一条与中央子午线垂直相交的直线，除了在中央子午线处变形为零外，其他点离中央子午线越远，长度被拉长程度越大。

(3) 在椭球面上对称于赤道的纬圈，投影后仍然成为对称的曲线，同时与子午线的投影曲线互相垂直，并凹向两极。

(4) 距中央子午线越远的子午线，投影后弯曲越厉害，长度变形也越大。

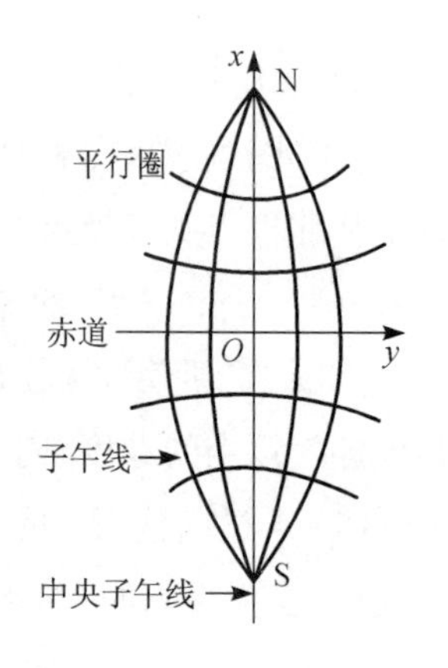

图 2.5　高斯投影效果

为了限制变形，我国规定，按经差 6°或 3°进行分带投影。如图 2.6 所示，6°带起始经线为 0°，全球共分 60 带；3°带起始经线为 1.5°，全球共分 120 带。

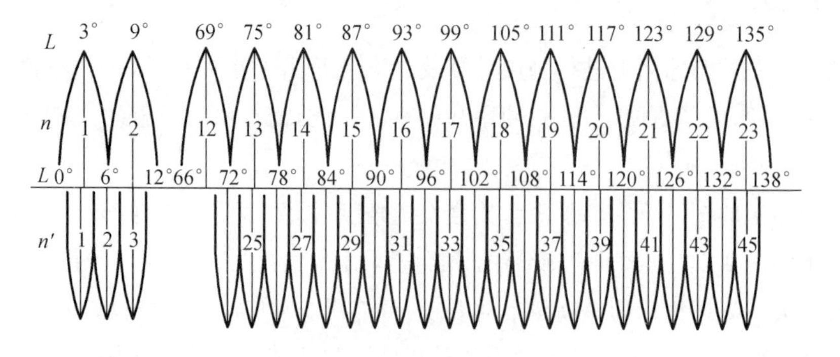

图 2.6　高斯投影分带

2.4.2　坐标系建立

中央子午线投影后为南北向的直线，赤道投影后为东西向且与中央子午线的投影线正交的直线。如图 2.7(a)，取两投影线交点为坐标原点 O，中央子午线的投影为 x 轴，赤道的投影为 y 轴，建立平面直角坐标系，即为高斯平面直角坐标系。由于我国处于北半球，纵坐标 x 都是正的；由于带内经差最大为 6°，横坐标 y 的最大值约为 330 km。如图 2.7(b)，为了避免出现负的 y 值，将坐标原点沿横轴向西平移 500 km；为了区分点所在带，再在横坐标前面冠以带号，这样形成的坐标，称为国家统一坐标。例如，A 点 $y_A=$ 19 723 456.789 m，该点位在 19 带内，中央子午线以东，其自然横坐标是：首先去掉带号，再减去 500 000 m，最后得 $y'_A=223\ 456.789$ m。B 点 $y_B=19\ 300\ 000.000$ m，该点位在 19 带内，中央子午线以西，其自然横坐标是：首先去掉带号，再减去 500 000 m，最后得 $y'_B=-200\ 000.000$ m。

日常测绘，一般都是在高斯平面直角坐标系基础上进行的。

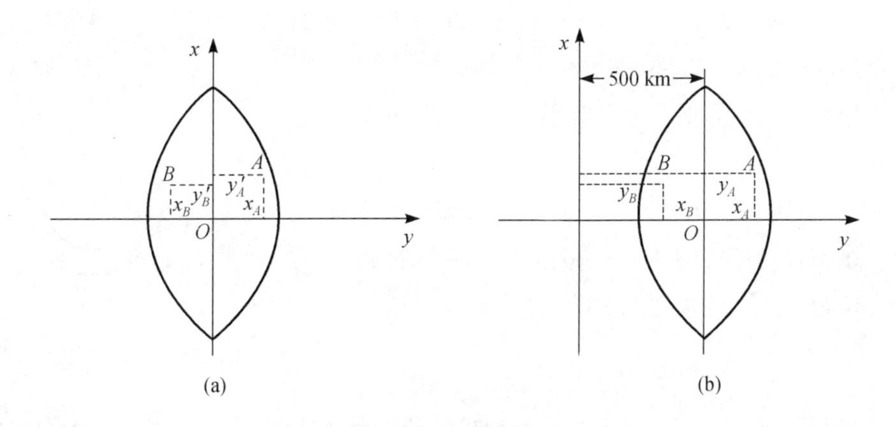

图 2.7　高斯平面直角坐标系的建立

2.5　方位角

2.5.1　方位角概念

利用全站仪进行点位测量的关键步骤是测定点间的坐标增量。两点之间有了距离和方位角，才能得到相应的坐标增量。因此，在测量工作中，方位角是一个极其重要的概念。

方位角是指从标准北方向起，顺时针旋转到所需定向直线的旋转角度。其取值范围为 0～360°。

选择不同的标准北方向，同一条直线就会有不同类型的方位角。

1）真方位角

地球表面某点的真子午线的切线方向叫做真子午线方向，也称真北方向线。以真北方向作为标准方向的方位角叫做真方位角，用 A 表示。陀螺定向得到的一般都是真方位角。

2）磁方位角

地球磁场作用下，在地球表面某点上的一个磁针，自由静止时其磁针所指的方向为磁子午线方向。以磁子午线北方向为标准北方向的方位角称作磁方位角，用 M 表示。罗盘仪测得的即是磁方位角。

3）坐标方位角

日常测绘工作都是采用高斯平面直角坐标系，高斯平面直角坐标系的坐标纵轴是中央子午线的投影。在各点以坐标纵轴的平行线为标准北方向的方位角称作坐标方位角，用 α 表示。坐标方位角是日常测绘最常用的方位角。

2.5.2 不同方位角间关系

如图 2.8 所示，Q 为测站点，B 为目标，QB 方向的三个不同方位角间存在数学关系，并可相互转换。

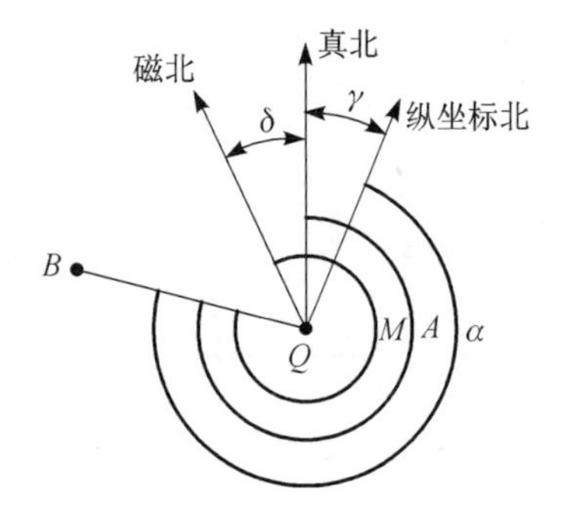

图 2.8 几种方位角间关系

由于地磁南北极和地球南北极不重合，因此，过地面上某点的真子午线方向与磁子午线方向一般不重合，两者之间的夹角称作磁偏角，用 δ 表示。磁子午线偏于真子午线以东称为东偏，δ 为正；偏于真子午线以西称作西偏，δ 为负。磁方位角和真方位角之间的关系为：

$$M = A - \delta \tag{2.4}$$

由于高斯投影中，除了中央子午线外的其他子午线投影均向中央子午线弯曲，并向两极收敛。因此，除中央子午线外，其他经线上点的真北方向和坐标纵轴方向存在一个偏角，这个偏角叫做子午线收敛角，用 γ 表示。在中央子午线以东地区，各点的坐标纵轴方向在真子午线以东，γ 为正；在中央子午线以西地区，γ 为负。坐标方位角和真方位角之间的关系为：

$$\alpha = A - \gamma \tag{2.5}$$

2.6 子午线收敛角

2.6.1 子午线收敛角公式

陀螺定向得到的是真方位角 A，而日常测绘工作使用的多是坐标方位角 α。因此，在利用陀螺定向工作中，将真方位角 A 换算成坐标方位角 α 时，子午线收敛角 γ 计算是一个重要的步骤。

设测站的纬度为 B，经度为 L，中央子午线经度为 L_0，地球椭球第二偏心率为 e'。则有经差

$$l = L - L_0 \tag{2.6}$$

赫里斯托夫给出了子午线收敛角计算公式

$$\begin{aligned}\gamma = &\sin B \cdot l + \frac{1}{3}\cos^3 B \cdot \Phi_2(1 + 3\Phi_1^2 + 2\Phi_1^4)l^3 \\ &+ \frac{1}{15}\cos^5 B \cdot \Phi_2(2\Phi_2^2 + 15\Phi_1^2 - 15\Phi_1^2\Phi_2^2)l^5 \\ &+ \frac{1}{315}\cos^7 B \cdot \Phi_2(17 - 26\Phi_2^2 + 2\Phi_2^4)l^7 + O(l^7)\end{aligned} \tag{2.7}$$

式中，$\Phi_2 = \tan B$，$\Phi_1 = e' \cdot \cos^2 B$。

对日常测绘定向而言，式(2.7)计算公式过于复杂，舍去高阶项，可得子午线收敛角的近似计算公式

$$\gamma = \sin B \cdot l \tag{2.8}$$

2.6.2 子午线收敛角计算精度

子午线收敛角 γ 的计算精度直接影响到坐标方位角 α 的计算精度。对于日常测绘，在满足精度要求的情况下，总希望所使用的计算公式越简单越好。

下面讨论利用式(2.8)计算子午线收敛角的精确度情况。

1) 数学模型准确度

首先讨论公式(2.7)的精度。分析式(2.7)可知：

(1) γ 为 l 的奇次幂函数，在北半球，γ 与 l 同号，即当测站点在中央子午线以东时，γ 和 l 同为正，当测站点在中央子午线以西时，γ 和 l 同为负。

(2) 在同一平行圈上，经差 l 越大，γ 越大。

(3) 在同一子午线上，纬度 B 越高，γ 越大。

为了便于分析，设

$$W = \frac{1}{315}\cos^7 B \cdot \Phi_2(17 - 26\Phi^{22} + 2\Phi_2^4)l^7 \tag{2.9}$$

高斯投影分带的最大投影带为 6°带，顾及换带的需要，设最大经差 l 为 3.5°。计算在不同纬度时的 W 值，如表 2.2 所示。

表 2.2　W 值计算表(单位:1″×10⁻⁷)

B	5°	10°	15°	20°	25°	30°	35°	40°	45°
W	2.97	5.53	6.62	6.65	5.65	3.75	1.70	−0.085	−1.29
B	50°	55°	60°	65°	70°	75°	80°	85°	
W	−1.78	−1.67	−1.21	−0.647	−0.204	0.258	0.070 1	0.027 9	

分析表 2.2 可知,W 在 $B=20°$时取得最大值 $6.65''\times10^{-7}$,后面无穷小项 $O(l^7)$更是小于 $1''\times10^{-7}$。可见,式(2.7)计算得到的子午线收敛角的精确度优于 $1''\times10^{-7}$,这相对于日常测绘定向的角秒级来说,可看做真值。

下面以式(2.7)计算结果为真值,讨论式(2.8)的计算准确度。地球椭球第二偏心率 e'取 WGS84 椭球参数。分别用式(2.7)、式(2.8)计算得子午线收敛角 $\gamma_{(1)}$、$\gamma_{(2)}$,并有

$$\Delta=\gamma_{(1)}-\gamma_{(2)} \tag{2.10}$$

在多个不同经差和纬度的点位,算得 Δ 如表 2.3 所示。

表 2.3　简式算得的子午线收敛角准确度(单位:″)

B	5°	10°	15°	20°	25°	30°	35°	40°	45°
l=0.5°	3.9×10^{-4}	7.7×10^{-4}	0.001 1	0.001 4	0.001 6	0.001 7	0.001 8	0.001 7	0.001 6
l=1.0°	0.003 2	0.006 2	0.008 8	0.011 0	0.012 7	0.013 7	0.014 1	0.013 8	0.012 9
l=1.5°	0.010 7	0.020 8	0.029 8	0.037 3	0.042 7	0.046 3	0.047 5	0.046 5	0.043 6
l=2.0°	0.025 3	0.049 3	0.070 7	0.088 4	0.101 6	0.109 7	0.112 6	0.110 3	0.103 4
l=2.5°	0.049 4	0.096 3	0.138 0	0.172 6	0.198 4	0.214 3	0.219 9	0.215 5	0.202 0
l=3.5°	0.135 8	0.264 4	0.379 0	0.474 0	0.544 7	0.588 3	0.603 7	0.591 5	0.554 3
B	50°	55°	60°	65°	70°	75°	80°	85°	
l=0.5°	0.001 4	0.001 2	9.9×10^{-4}	7.4×10^{-4}	5.0×10^{-4}	3.0×10^{-4}	1.4×10^{-4}	3.5×10^{-4}	
l=1.0°	0.011 6	0.009 9	0.007 9	0.005 9	0.004 0	0.002 4	0.001 1	2.8×10^{-4}	
l=1.5°	0.039 1	0.033 2	0.026 7	0.020 0	0.013 6	0.008 0	0.003 7	9.3×10^{-4}	
l=2.0°	0.092 6	0.078 8	0.063 3	0.047 3	0.032 1	0.018 9	0.008 7	0.002 2	
l=2.5°	0.180 8	0.153 9	0.123 6	0.092 4	0.062 8	0.036 9	0.017 0	0.004 3	
l=3.5°	0.496 2	0.422 4	0.339 3	0.253 6	0.172 2	0.101 4	0.046 5	0.011 9	

观察表 2.3 可见,由简式算得子午线收敛角最大误差在 $B=35°$、经差 $l=3.5°$处,误差为 0.603 7″。

因此,简式(2.8)的模型准确度较好,计算得到的子午线收敛角能满足角秒级的定向要求。

2) 测站误差对计算子午线收敛角的影响

对式(2.8)微分可得:

$$d\gamma = \sin B \cdot dl'' + l \cdot \cos B \cdot \frac{dB''}{206\ 265} \tag{2.11}$$

利用误差传播定律可得

$$m_\gamma = \sqrt{\sin^2 B \cdot m_l''^2 + \left(\frac{1}{206\ 265}\right)^2 \cdot l^2 \cdot \cos^2 B \cdot m_B''^2} \tag{2.12}$$

将测站精度由角度单位换算成长度单位。若令 $m_e'' = m_B'' = \frac{206\ 265}{637\ 100\ 000} m$，则有

$$m_\gamma = \frac{206\ 265}{637\ 100\ 000} \sqrt{\sin^2 B + \left(\frac{l}{206\ 265}\right)^2 \cdot \cos^2 B} \cdot m \tag{2.13}$$

式中，点位中误差 m 的单位为 cm。

式(2.13)中，l 的取值范围为 $-3.5° \sim 3.5°$，B 的取值范围为 $0° \sim 90°$。分析上式可见，m_γ 在同一纬度上，随经差 l 的绝对值增大而增大，即 l 为 $-3.5°$ 或 $3.5°$ 时取得最大值。图 2.9 为经差 $l = 3.5° = 12\ 600''$ 时，随纬度不同，在测站精度分别为 2 cm、5 cm、10 cm 情况下引起的子午线收敛角精度变化情况。

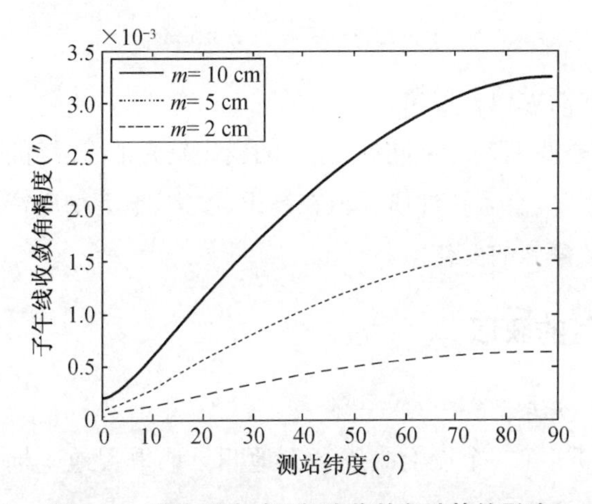

图 2.9　测站误差对子午线收敛角计算的影响

从图 2.9 可见，测站点位精度优于 10 cm 的情况下，测站误差对子午线收敛角计算的影响在千分之一秒数量级。实际工作中，测站精度一般都会优于 5 cm，因此，由测站误差引起的子午收敛角误差可以忽略不计。

2.7　垂线偏差

2.7.1　垂线偏差的概念

地面上任一质点都受到地球的引力和地球自转所产生的离心力的综合作用。此外，

还受到月亮等外太空其他天体的吸引力作用，由于外太空天体对地面上质点的吸引力极小，一般情况下可忽略不计。地面上质点所受到的地球引力和地球自转所产生离心力的合成力，称作重力。重力的方向线称作垂线。垂线处处与大地水准面垂直，垂线是测量外业工作的基准线。测量工作中，全站仪整平目的即是将全站仪竖轴与垂线重合。

然而，测量计算一般是基于地球椭球面进行的。地球椭球面与大地水准面并不平行。如图 2.10 所示，对地面上一点，过该点的椭球面法线与过该点的垂线也不平行，会形成一个交角 u，这个交角称作过该点的垂线偏差。垂线偏差 u 是一个空间角，其在子午面的分量为 ξ，在卯酉面的分量为 η。

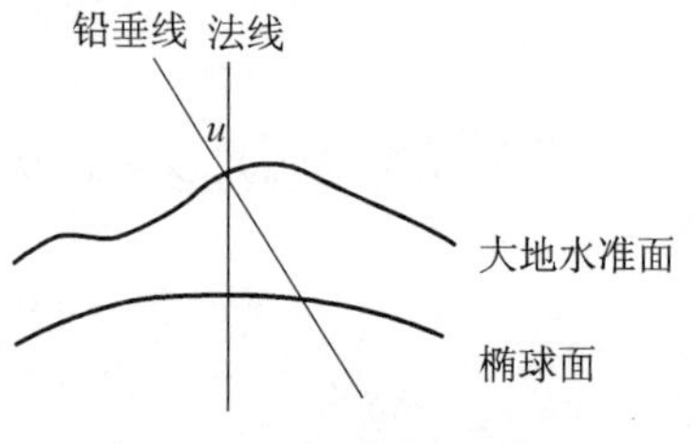

图 2.10　垂线偏差示意图

也即：

$$u^2 = \xi^2 + \eta^2 \tag{2.14}$$

在任意法截面的投影为：

$$u_A = \xi\cos A + \eta\sin A \tag{2.15}$$

其中，A 为投影面的大地方位角。

地面上不同点的垂线偏差是不同的，它们的变化是光滑、连续的。一般来说在大范围内，垂线偏差变化缓慢，具有系统性质。但在高山、海沟、地下物质密度变化较大等少数区域，垂线偏差也会有较激烈的变化。

2.7.2　垂线偏差值的获取

1）天文大地测量方法

这种方法的实质是，在一个点上既进行大地测量取得大地坐标(B, L)，又进行天文测量取得天文坐标(φ, λ)。

$$\begin{cases}\xi = \varphi - B \\ \eta = (\lambda - L)\cos\varphi\end{cases} \tag{2.16}$$

由上式即可计算得该点垂线偏差。用此种方法获得的垂线偏差精度可达到$\pm 1''$。由于需要测量点位的天文坐标，目前对于普通测绘工作单位来说，用这种方法求定垂线偏差显然是有困难的。

2）GPS 水准测量法

对于地面两点 P_1、P_2，用 GPS 测得两点的大地高高差为 ΔH_d，两点水平距离为 D，真方位角为 A_{12}。利用水准测量测得两点的正高高差为 ΔH_z。则可得这两点的高程异常差为：

$$\Delta\zeta = \Delta H_d - \Delta H_z \tag{2.17}$$

两点存在高程异常差正是由于这两点存在垂线偏差使得大地水准面与椭球面不平行所致。即有

$$\Delta\zeta = \frac{u_{1,A} + u_{2,A}}{2} \cdot D \tag{2.18}$$

式中，$u_{1,A}$、$u_{2,A}$为点 P_1、P_2 的垂线偏差在 P_1 和 P_2 连线方向的投影分量。由于这两点距离较近，可假设它们的垂线偏差相等，即 $u_A = u_{1,A} = u_{2,A}$。并根据式(2.14)，进一步有

$$u_A = \frac{\Delta\zeta}{D} = \xi\cos A + \eta\sin A \tag{2.19}$$

式中，A 为投影的大地方位角。

若有多条基线，对于每一条基线有

$$\frac{\Delta\zeta_i}{S_i} = \xi_i\cos A_i + \eta_i\sin A_i \tag{2.20}$$

从而，利用最小二乘法即可求出垂线偏差子午面的分量 ξ 和在卯酉面的分量 η。解算结果精度受基线之间的夹角影响明显，因此使用 GPS 测定垂线偏差时应特别关注各基线之间的夹角。理论上讲，基线应该均匀分布于各个方向为最佳。

3) 利用理论模型计算

EGM2008 是美国国家地理空间情报局(The National Geospatial-Intelligence Agency, NGA)研究构建的新的地球重力场模型(Earth Gravitational Model, EGM)。模型完全到 2 159 阶次，模型的空间分辨率约为 $5' \times 5'$。其采用的数据包括基于 SRTM(Shuttle Radar Topography Mission，航天飞机雷达地形测绘任务)信息所获得的全球高分辨率的 DTM(Digital Terrain Model，数字地面模型)，基于卫星测高数据导出的全球海域的重力异常，以及来自各个方面大量的不同类别、不同精度、不同置信度的地表重力数据(包括地面重力测量、航空重力测量和海洋重力测量获得的数据等)。此外还收集了各种可以用于检测的资料(包括 GPS、水准和垂线偏差等资料)，以评价和改善上述各类数据的质量。研究表明，利用 EGM2008 模型在我国进行垂线偏差计算，计算结果精度在东部地区优于 $2''$，在西部地区精度较差。

为了满足应用需要，中国于 1998—2002 年建立了陆海垂线偏差快速确定系统，较好地解决了快速确定垂线偏差等问题。利用该软件系统，确定任意点垂线偏差的时间一般只需 2 s。由此算得不同区域任意点垂线偏差的精度分别为：东部(包括沿海及附近岛屿)区域优于 $1.0''$；西部(包括一般海域)区域优于 $2.0''$；全国垂线偏差总体精度为 $1.5''$。

第三章　全站仪构造及主要轴系

3.1　全站仪概述

3.1.1　全站仪功能

测绘外业有三个基本工作:测角度、测距离、测高差。全站仪可以直接完成角度和距离测量工作,通过角度和距离可以间接完成测高差工作。因其一次安置仪器就可完成该测站上全部测量工作,所以称之为全站仪。

全站仪发展经历了从组合式(光电测距仪与光学经纬仪组合,或光电测距仪与电子经纬仪组合),到整体式(将光电测距仪的光波发射接收系统的光轴和经纬仪的视准轴组合为同轴的整体式全站仪)。从功能上看,全站仪主要由电子测角系统、电子测距系统和储控系统等部分组成。电子测角系统完成水平方向和垂直方向角度的测量,电子测距系统完成仪器到目标之间斜距的测量,储控系统完成测量工程中的控制、存储、计算、信息传输等。

全站仪除了可以用于测量领域外,在大型工业生产设备和构件的安装调试、船体设计施工、大桥水坝的变形观测、地质灾害监测及体育竞技等领域中也得到了广泛应用。目前,全站仪是测绘单位最为常用的仪器设备。

3.1.2　全站仪组成

在结构上,全站仪可分为照准部、水平度盘和基座三部分。在细节部件上,不同型号的全站仪可能有所不同,但大多具有图 3.1 所述的部件。

1) 照准部

照准部的主要部件有望远镜、水准管、电子操控设备等。望远镜由物镜、目镜、十字丝分划板、调焦环、粗瞄准器等组合。望远镜通过横轴安装在照准部支架上,由竖直制微动手轮控制绕横轴转动。望远镜一侧装有竖直度盘,该度盘垂直于横轴,且其中心与横轴中心重合,用于测量竖直角。照准部可绕竖轴在水平方向转动,并由水平制微动手轮控制。水准管用于全站仪整平,光学对中器用于全站仪对中。

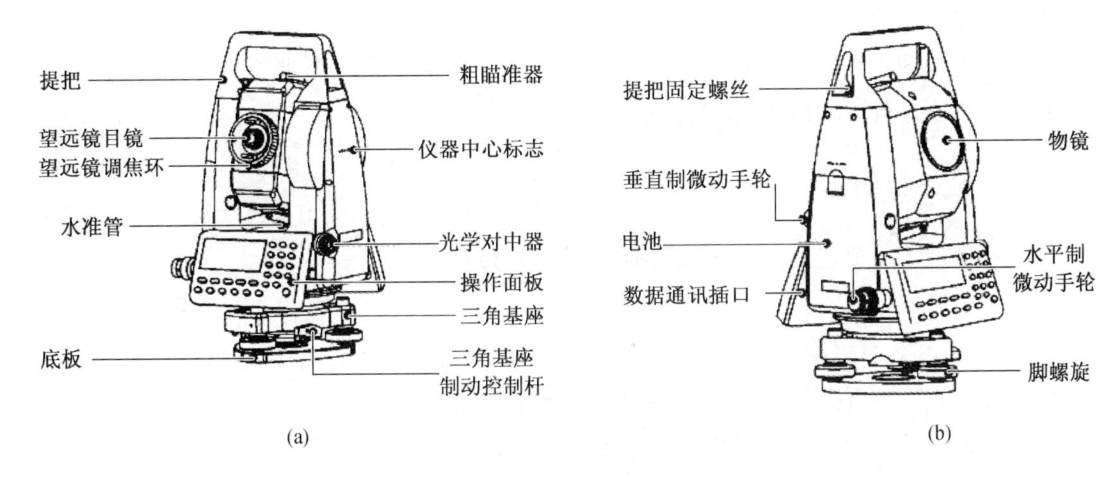

图 3.1　全站仪主要结构和部件

2）水平度盘

水平度盘用于测定水平方向或水平角，其垂直于竖轴，且中心与竖轴中心重合。不同于光学经纬仪的光学测角方法，全站仪的水平度盘测角方法采用的是电子测角技术。电子测角技术主要有如下几种：

(1) 编码法。编码法是直接将度盘按二进制制成多道环码，用光电的方法或磁感应的方法读出其编码，根据其编码直接换算成角度值。角度信息直接刻在度盘上，每一度盘区域与某一角度值具有绝对的一一对应关系，角度传感器通过对编码信息的解读即可直接显示角度信息，因此常称编码度盘测角为绝对式测角。角度信息直接刻在度盘上，有具体的物质载体，因此当仪器关机时角度信息仍然保留，并且在仪器开机时即可显示角度信息。由于没有累计测量过程，因此不存在度盘测角误差的积累。

(2) 光栅法。与编码法相比较，用光栅度盘所测得角值是照准部旋转或望远镜上下俯仰时指示光栅相对光栅度盘的转动量，其角度输出量随上述转动量的变化而累计变化，故称光栅度盘测角为相对增量式测角。测角是累计显示指示光栅相对光栅度盘的转动信息，该信息是一个过程概念，没有具体的物质载体，因此当仪器关机后该信息即刻消失，不能保留。当仪器再次开机时，或者角度信息显示为零，或者需要预先转动仪器探测度盘零位后才能显示角度信息。采用指示光栅相对光栅度盘转动的增量式测角方式，存在误差积累问题。

(3) 动态法。这种方法的特点是角度信息体现在随照准部旋转的传感器与固定传感器之间所形成的夹角，该夹角通过累计测定某一光栅度盘刻线分别经过两传感器的时间差而求得，因此属增量式测角方式。角度信息由两个传感器之间的夹角来表示，有具体的物质载体，因此当仪器关机时角度信息仍然保留，并且在仪器开机时即可显示角度信息。动态度盘因所有刻划参加积分扫描测角，可消除度盘分划误差的影响，因此不存在度盘测角误差的积累。

3）基座

基座上承载水平度盘和照准部，下连三脚架。基座上装有三个脚螺旋，调节脚螺旋，可使照准部水准管气泡居中，实现竖轴竖直。

3.1.3 全站仪操作

全站仪使用主要包括安装、安置、瞄准、测量等过程。

1）安装

其目的是将全站仪与三脚架正确地连接在一起。进行测绘时，将全站仪三脚架打开，安置在测站点上方，使脚架顶部大致水平；将全站仪从仪器箱中取出，放到脚架顶部，通过脚架顶部的连接螺旋将全站仪基座与全站仪脚架固连，完成全站仪的安装。

2）安置

主要工作是对中整平。其目的是将全站仪水平度盘中心与测站点处于一条铅垂线上且水平度盘水平。对中整平时，保持一只脚架不动，左右手各握一个脚架腿，眼睛通过对点器使全站仪对中标志基本对准测站点，通过全站仪角螺旋调整使得全站仪对中标志准确对中测站点；转动全站仪照准部，使全站仪水准管平行一对脚螺旋连线，通过伸缩一个脚架腿使水准管气泡居中；旋转全站仪照准部 90°，使全站仪水准管垂直于那条脚螺旋连线；伸缩另一个脚架腿，使水准管气泡居中；通过对中器观察对中情况，如果发生偏移，可松开连接螺旋，在架头上平移全站仪基座使全站仪对中标志对准测站点。再观察全站仪整平情况，如果水准管气泡偏移超过限值，则重复上述步骤，直至满足要求。

3）瞄准

其目的是使全站仪望远镜的十字分划板、物镜光心、目标三点一线。转动全站仪照准部和全站仪望远镜，通过望远镜粗瞄准器瞄准目标并通过水平制动螺旋制动全站仪照准部；调整望远镜物镜和目镜焦距，观测者能清楚看到成立在十字分划板上的目标成像；分别转动水平微动螺旋和竖直微动螺旋，使目标像与十字分划板的竖丝或横丝重合。

4）测量

测量的目的是获得测站点到目标的距离、方向线在水平度盘或竖直度盘上的读数。通过操作面板相应按钮，瞬间即可在操作面板屏幕上显示距离、角度读数。通过数据通讯插口可将测得的数据发送给其他电子设备。

3.2 水准管及电子微倾敏感器

3.2.1 水准管

应用全站仪测量时，需要将全站仪竖轴竖直，即使全站仪水平度盘水平。水准管就是用于标示全站仪水平度盘水平程度的部件。

水准管为一内部密封有液体的长圆柱状玻璃管。水准管的上部内表面是水准器的工作表面。水准管的工作表面被琢磨成具有一定半径的圆弧面，其半径约为 0.1～100 m，最精确的可达 200 m。水准管的工作表面对称中心称为水准管零点。通过水准管零点做水准管纵剖面的切线，该切线称为水准管轴。

向水准器内装入质轻且易流动的液体（如酒精、乙醚或氯化锂），装满后再加热使液体膨胀而排去一部分，将开口端熔闭，待液体冷却后，管内即形成了一个被液体蒸气所充满的空间，这个空间称为水准气泡。由于重力作用，气泡静止时必定位于工作面的最高点，若从气泡中心引一切线，则一定是水平线。当水准管的气泡中心与水准管零点重合时，称作水准气泡居中。此时，水准管轴处于水平位置。

当水准管不水平时，水准气泡可能会偏离水准管零点。为了指示水准气泡的偏离程度，水准管上一般都刻有分划，分划的间隔一般为 2 mm。水准管上相邻两分划间的圆弧所对应的圆心角称为水准器的角值。规定水准气泡移动 2 mm 时，水准管倾角变化量作为水准器的角值。水准管的角值通常有 4″、6″、10″、20″、30″、1′、3′、6′、10′、15′、30′等。有时，为明确起见，水准管的角值也会表示成 20″/2 mm、8′/2 mm。

水准管缓慢倾斜，直至肉眼观察到静止的水准气泡开始移动时，水准管所倾斜的角度，称作水准管的灵敏度。水准管的灵敏度决定了水准器的置平精度。一般来说，水准管的灵敏度应不大于水准管角值的 1/10。

3.2.2　电子微倾敏感器

由于全站仪置平时的操作精准度和水准管不完全垂直于竖轴等原因，使得测站上的全站仪竖轴并不完全竖直，这将给测量结果带来一定的偏差。现在越来越多的全站仪采用了电子微倾敏感器来测定这种全站仪竖轴不竖直的残余误差，并将结果实时显示在显示屏上，如图 3.2 所示。根据功能，电子微倾敏感器可分为单轴微倾敏感器和双轴微倾敏感器。

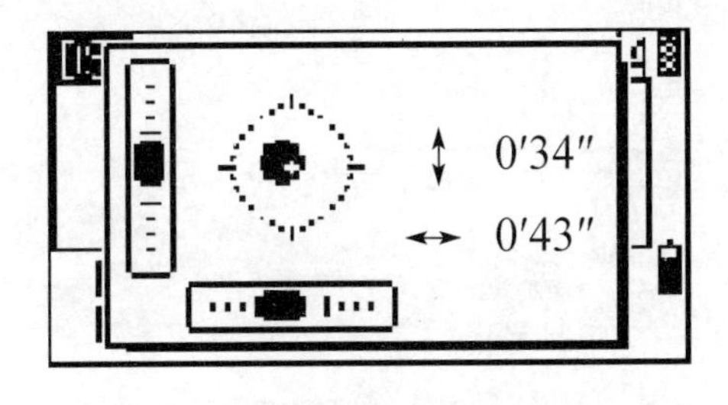

图 3.2　电子微倾敏感器效果

单轴电子微倾敏感器只能给出全站仪竖轴与铅垂线之间夹角在垂直于全站仪横轴方

向的倾斜分量。其工作原理如图 3.3 所示，将线圈绕在封有磁性流体和气泡的水泡管的中央并接通电源。传感器在水平状态下，气泡居中央，左右两端检测线圈的电压也相等。当向左或向右倾斜时气泡就移动，左右检测线圈产生电压差。根据电压差求得倾斜方向和倾斜角度。

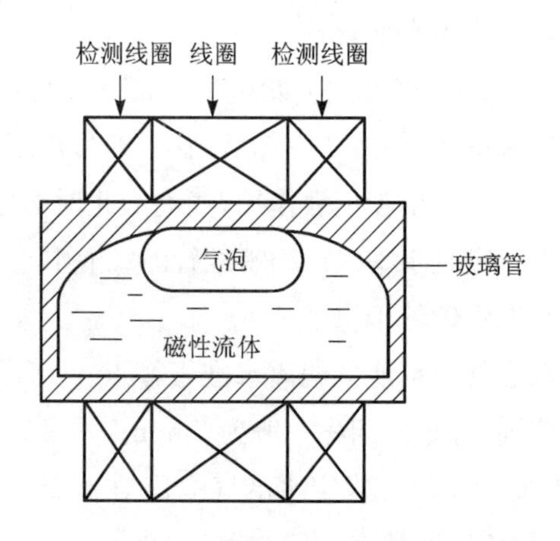

图 3.3　单轴电子微倾敏感器工作原理

双轴电子微倾敏感器能同时给出全站仪竖轴与铅垂线之间夹角在全站仪横轴方向，以及全站仪视准轴方向的两个倾斜分量。其工作原理如图 3.4 所示，从发光二极管发出的光透过玻璃圆水准器，射在气泡上的光被遮掉，在接收基板上装有 4 只彼此相距 90°的接收光敏二极管。当仪器完全整平时，气泡在接收基板的中央，若仪器稍微有一点倾斜时，气泡就相应移动，接收光敏二极管所接收的光能量也就发生变化。通过光能量变化比可以求得倾斜角度。

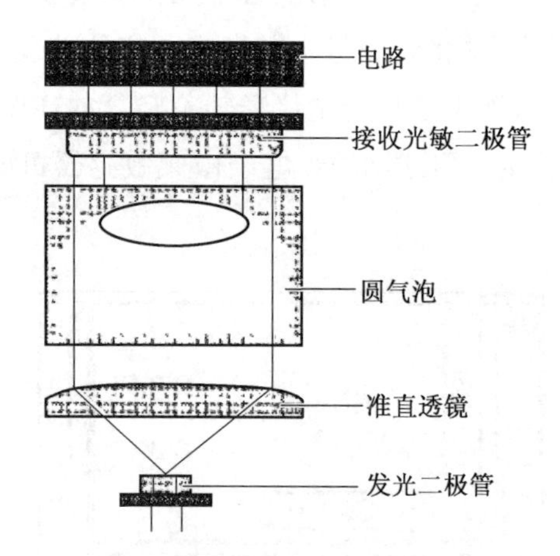

图 3.4　双轴电子微倾敏感器工作原理

目前，全站仪电子微倾敏感器测量精度可达 1″。

3.3　全站仪的主要轴系

3.3.1　主要轴系关系

如图 3.5 所示，全站仪中有四个主要轴：竖轴 VV、横轴 HH、视准轴 CC、水准管轴 LL。

全站仪竖轴是整个仪器的竖直中心，全站仪以竖轴为中心进行水平转动，水平度盘垂直于竖轴，且中心与竖轴中心重合。全站仪横轴是望远镜的旋转中心，望远镜绕横轴在竖直面上转动，竖直度盘垂直于横轴，且中心与横轴中心重合。全站仪视准轴是指全站仪望远镜玻璃分划板十字丝中心与望远镜物镜光心之间的连线，是瞄准目标的基准线。水准管轴是水准管纵剖面的内弧最顶端零点的切线。

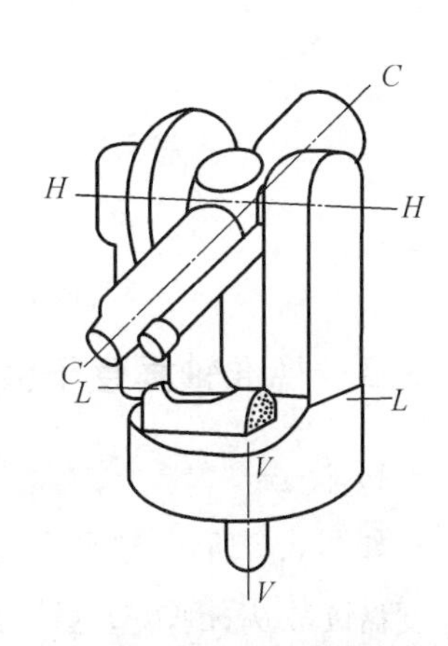

图 3.5　全站仪主要轴系

为了能实现正确的角度测量，这四个轴间需满足：

(1) 水准管轴 LL 应垂直于竖轴 VV；

(2) 横轴 HH 应垂直于竖轴 VV；

(3) 视准轴 CC 应垂直于横轴 HH。

3.3.2　水准管轴垂直于竖轴的检验与校正

1) 检验

将全站仪按常规方法整平，然后使照准部水准管平行于一对脚螺旋的连线，调节这两个脚螺旋，使水准管气泡严格居中；再将仪器旋转 180°，观察气泡位置。若气泡仍居中，则表明水准管轴垂直于竖轴，否则应校正。如图 3.6(a)、(b)所示，夹角 ∇即为水准管轴误差，同时也是竖轴的倾斜量。

2) 校正

当气泡不居中时，转动脚螺旋，使气泡退回偏离中心的一半，如图 3.6(c)所示。然后用校正针拨动位于水准管一端的校正螺丝，使气泡居中，如图 3.6(d)所示。这项检验校正需反复进行，直至水准管气泡偏离零点不超过半格为止。

当水准管轴误差较小不进行校正，或即使校正后依然还有残差时，可利用电子微倾敏感器测得这个残差值，并对测量角度进行电子补偿。

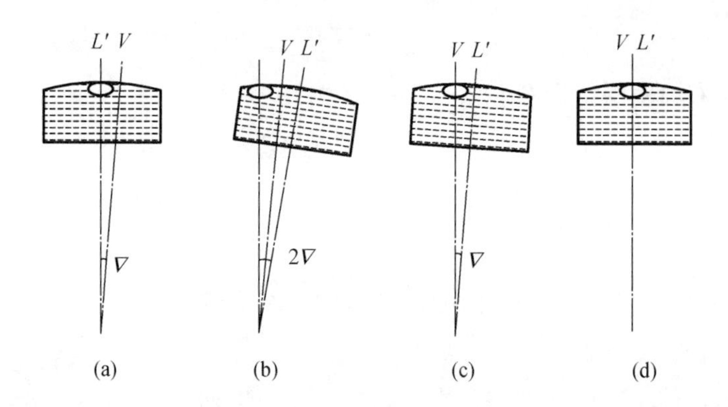

图 3.6 水准管轴误差检验

3.3.3 视准轴垂直于横轴的检验与校正

1）检验

如图 3.7 所示，整平全站仪，在大致水平方向设置目标 A，盘左位置瞄准目标 A，读得水平度盘读数 θ_L；倒转望远镜，以盘右位置瞄准目标 A，读得水平度盘读数 θ_R。图 3.7 中角度 C 为视准轴不垂直于横轴而产生的偏角，称为视准轴误差。则盘坐、盘右正确读数为

$$\begin{cases}\widehat{\theta}_L = \theta_L - C \\ \widehat{\theta}_R = \theta_R + C\end{cases} \tag{3.1}$$

进而可得

$$C = \frac{1}{2}(\theta_L - \theta_R \pm 180) \tag{3.2}$$

2）校正

计算盘右位置正确的读数

$$\widehat{\theta}_R = \theta_R + C \tag{3.3}$$

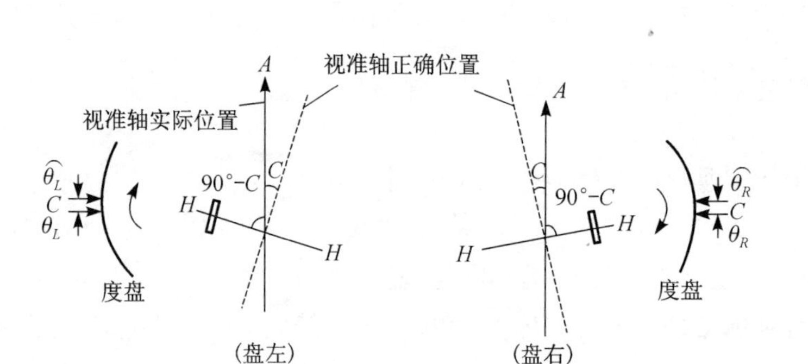

图 3.7 视准轴误差检验

转动水平微动螺旋,使度盘读数对准 $\widehat{\theta}_R$;用拨针拨动望远镜十字丝环左右校正螺丝,使十字丝竖丝瞄准 A 点。即实现视准轴误差校正。

当视准轴误差 C 较小,不容易校正时,可以利用公式对观测值进行电子补偿。

3.3.4　横轴垂直于竖轴的检验与校正

1) 检验

如图 3.8 所示,在距墙壁 10～20 m 处安置经纬仪。精平全站仪后,盘左位置先用望远镜瞄准墙壁高处一明显目标点 P,此时竖直角为 β_V;水平制动照准部,将望远镜往下放平,依十字丝交点在墙上标出点 P_1。再在盘右位置用望远镜瞄准 P 点,水平制动照准部,放平望远镜,依十字丝交点在墙上标出 P_2。若 P_1 点与 P_2 不重合,则说明横轴不垂直于竖轴。横轴不垂直于竖轴的误差 i 称为横轴误差。图 3.8 中,P_M 为 P_1 与 P_2 连线中点。

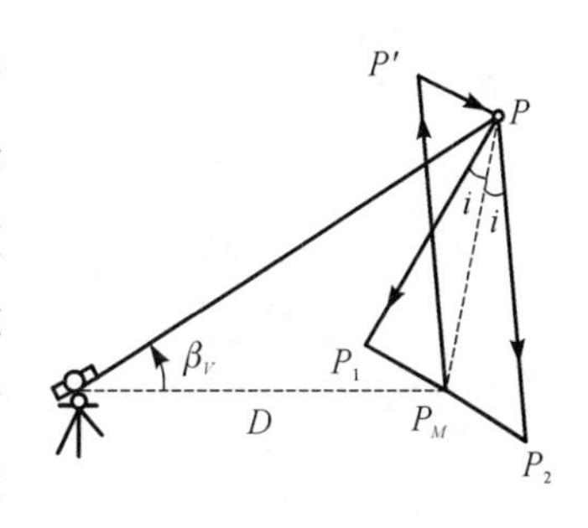

图 3.8　横轴误差检验

由于

$$\tan\beta_V = \frac{PP_M}{D} \tag{3.4}$$

$$\tan i = \frac{P_1P_2}{2PP_M} \tag{3.5}$$

由式(3.4)、式(3.5),并考虑到 i 为小角,可得

$$i = \frac{P_1P_2}{2D\tan\beta_V} \cdot \rho'' \tag{3.6}$$

式中,$\rho'' = \frac{180^\circ}{\pi} \times 3\,600\ \text{s} \approx 206\,265$

2) 校正

在盘右位置瞄准 P_M 点,抬高望远镜到竖直角为 β_V 处,此时十字丝交点必偏离点 P 而落在点 P'。用校正工具拨动横轴支架上的偏心轴承,使横轴一端升高或降低,直至十字丝交点对准点 P,此时全站仪横轴即垂直于竖轴。该项工作一般由专门检修部门进行。

测量工作中,也可利用公式对测量结果作电子补偿。

3.4　全站仪测角的电子补偿

全站仪各轴系虽然经过检验校正,但由于制造工艺、操作精确度等原因,使得全站仪轴系关系依然不能完全满足理论要求。这类偏差可通过计算改正,来完成对全站仪测量值的电子补偿。

3.4.1 视准轴误差补偿

如图 3.9 所示,OA 为垂直于横轴的视准轴,OA'为存在着视准轴误差C 时的视准轴,A、A'高度角均为β_V。视准轴误差 C 在水平面的投影为 χ_C,也即视准轴误差对水平观测值的影响。

在直角三角形$\triangle Oaa'$、$\triangle OAA'$和$\triangle OA'a'$中,由于:

$$\sin\chi_C = \frac{aa'}{Oa'} \tag{3.7}$$

$$aa'=AA'=OA'\cdot\sin C \tag{3.8}$$

$$Oa'=OA'\cdot\cos\beta_V \tag{3.9}$$

根据上述三式,可得:

$$\sin\chi_C = \frac{\sin C}{\cos\beta_V} \tag{3.10}$$

由于 C 和 χ_C 均为小角,则近似可得

$$\chi_C = \frac{C}{\cos\beta_V} \tag{3.11}$$

通过视准轴误差检验,得到 C,然后利用式(3.11)算得 χ_C,即可实时对水平观测值进行误差补偿。

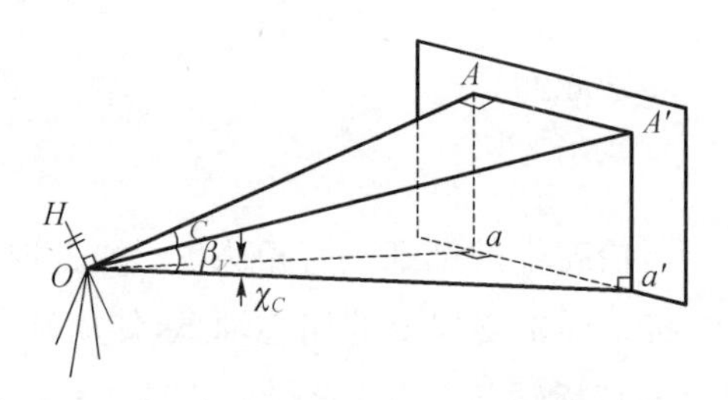

图 3.9 视准轴误差对水平方向的影响

3.4.2 横轴误差补偿

如图 3.10 所示,横轴水平时,照准点为 H,其水平投影为 h。若存在横轴误差 i,使横轴倾斜,其照准点变到了 H',相应水平投影到为 h',高度角均为 β_V。χ_i 即为横轴误差 i

对水平方向观测值的影响。

由直角 $\Delta hOh'$、$\Delta hH'h'$ 和 $\Delta H'Oh'$ 可得

$$\sin\chi_i = \frac{hh'}{Oh'} \tag{3.12}$$

$$hh' = H'h' \cdot \tan i \tag{3.13}$$

$$Oh' = H'h' \cdot \cot\beta_V \tag{3.14}$$

根据上述三式，可得

$$\sin\chi_i = \frac{\tan i}{\cot\beta_V} \tag{3.15}$$

由于 χ_i 和 i 均为小角，则近似可得

$$\chi_i = i \cdot \tan\beta_V \tag{3.16}$$

通过横轴误差检验，得到 i，然后利用式(3.16)算得 χ_i，即可实时对水平观测值进行误差补偿。

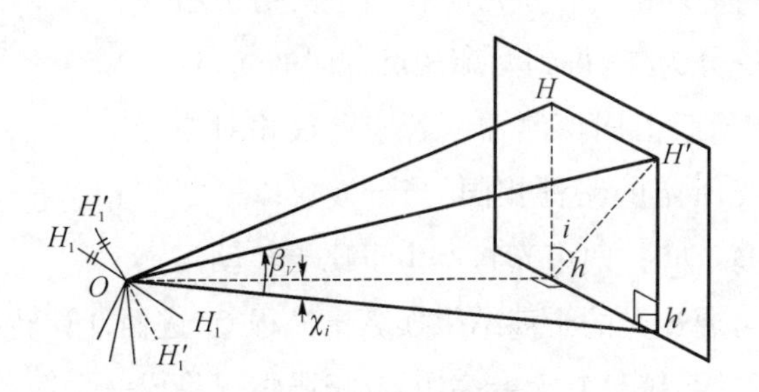

图 3.10 横轴误差对水平方向的影响

3.4.3 竖轴误差补偿

由于水准管轴并不能完全垂直于竖轴，以及存在整平误差，使得全站仪整平后，其竖轴依然不能完全和铅垂线重合，这个偏差角 τ 称作竖轴误差。很多全站仪内部装有微倾敏感器，微倾敏感器能给出竖轴误差 τ 在全站仪视准轴方向分量 τ_x 和横轴方向的分量 τ_y。

竖轴误差在视准轴方向的分量 τ_x，可以通过望远镜的抬高降低来解决，也即对竖直角会有影响，对水平方向观测没有影响。竖轴误差在横轴方向的分量 τ_y 对水平方向观测值影响和横轴误差对水平方向观测值的影响效果是一样的，即有

$$\chi_\tau = \tau_y \cdot \tan\beta_V \tag{3.17}$$

式中，β_V 为观测方向高度角。

第四章　光纤陀螺定向原理及主要误差

4.1　光纤陀螺的基本原理

4.1.1　Sagnac 效应

光纤陀螺是基于 Sagnac 效应进行工作的。Sagnac 效应是由法国科学家 Sagnac 于 1913 年首次发现并得到实验证实的，其工作原理如图 4.1 所示。

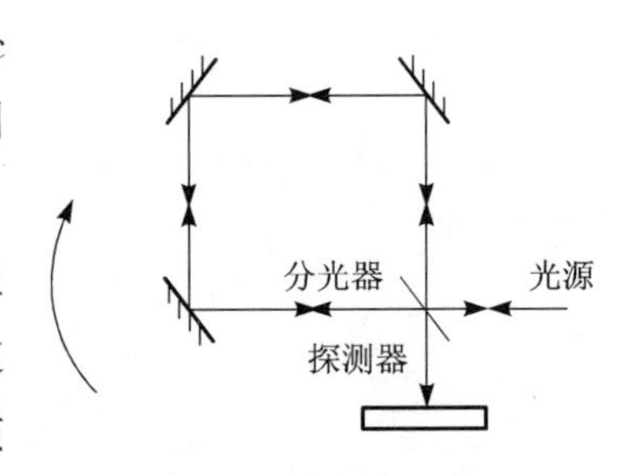

图 4.1　Sagnac 干涉仪原理图

图 4.1 所示的干涉仪由一个分光器和三个反射镜组成，光源在分光器处一分为二，得到两束相反方向的光，这两束光再在分光处相干后射向探测器。若干涉仪相对惯性空间不动，则两束光所走的路程相同；当干涉仪以一定角速度相对惯性空间转动时，两束光将产生正比于转动角速度的光程差，从而可通过光的干涉结果换算出光程差，进而计算转动角速度。

如果图 4.1 所示的系统具有无穷多边，其极限情况将成一个简单的"理想"圆形光路，如图 4.2 所示。

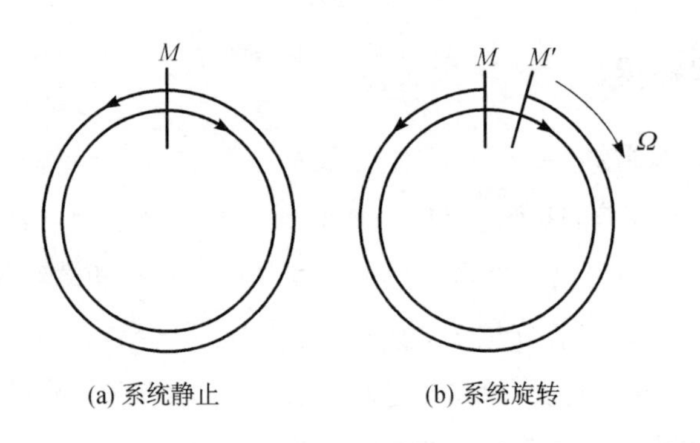

图 4.2　圆形光路中的 Sagnac 效应

在图 4.2 中，光源和探测器都位于 M 处，图 4.2(a)中系统处于静止状态，从 M 点出发的两束光分别按顺时针和逆时针方向在环路中传播，再回到 M 点，两束光经过的距离相同，光程差为零。图 4.2(b)中系统以角速度 Ω 相对惯性空间作顺时针转动，两束光沿相反的两个方向传播，经过一定传播时间 t 后，M 点转到 M' 点，此时在 M' 点两束光相遇，则两束光经过了不同的距离，产生了相位差。相位差可以通过干涉法测量得到。

设圆环回路半径为 R，则周长为

$$\vartheta = 2\pi R \tag{4.1}$$

设圆环旋转角速度为 Ω，光速为 V_C，则顺时针光束相对圆环的速度为

$$V_{cw} = V_C - \Omega R \tag{4.2}$$

逆时针光束相对圆环的速度为

$$V_{ccw} = V_C + \Omega R \tag{4.3}$$

则两束光绕闭合光路一周所需的时间分别为

$$t_{cw} = \frac{\vartheta}{V_C - \Omega R} \tag{4.4}$$

$$t_{ccw} = \frac{\vartheta}{V_C + \Omega R} \tag{4.5}$$

则两束光沿光路传播一周的时间差为

$$\begin{aligned} \Delta t &= t_{cw} - t_{ccw} \\ &= \frac{\vartheta}{V_C - \Omega R} - \frac{\vartheta}{V_C + \Omega R} \\ &= \frac{\vartheta(C + \Omega R) - \vartheta(C - \Omega R)}{V_C^2 - \Omega^2 R^2} \\ &= \frac{2l\Omega R}{V_C^2 - \Omega^2 R^2} \end{aligned} \tag{4.6}$$

由于 $\Omega^2 R^2 \ll V_C^2$，所以式(3.3)可近似认为成

$$\Delta t = \frac{2\vartheta\Omega R}{V_C^2} \tag{4.7}$$

设光源的波长为 λ，周期为 T，有 $T = \dfrac{\lambda}{V_C}$，则：

$$\frac{\Delta t}{T} = \frac{2\vartheta\Omega R}{V_C \lambda} \tag{4.8}$$

可以得到 Sagnac 相位差为

$$\Delta\phi = 2\pi \cdot \frac{\Delta t}{T} = \frac{4\pi\vartheta R}{V_C \lambda}\Omega = K\Omega \tag{4.9}$$

其中，$K = \frac{4\pi\vartheta R}{V_C \lambda}$ 为干涉型光纤陀螺仪的标度因数。

测得 $\Delta\phi$ 后，即可以算得旋转角速度

$$\Omega = \frac{\Delta\phi}{K} \tag{4.10}$$

4.1.2 光纤陀螺的工作原理

1）光纤陀螺构成

光纤陀螺的光线传输环路采用光纤线。

根据误差传播定律，在 $\Delta\phi$ 精度一定情况下，K 值越大，Ω 精度越高。K 值增大时，$\Delta\phi$ 也相应增大。幸运的是，由于测量相位差 $\Delta\phi$ 精度跟 $\Delta\phi$ 的大小几乎无关，可通过增大 K 值来提高 Ω 的计算精度。为了增大 K 值，可行的办法是增大周长 ϑ 或半径 R。由于增大半径 R 将使光纤陀螺产品尺寸增大，因此选择增大周长 ϑ。增大周长 ϑ 的方法是通过多匝光纤线圈来实现，如图 4.3 所示。

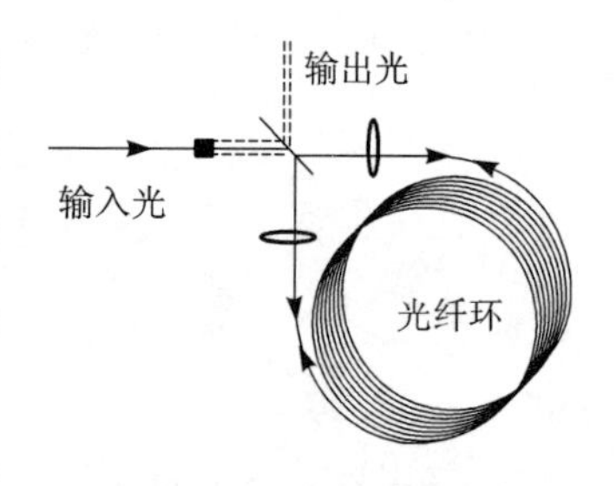

图 4.3 光纤陀螺光纤线圈

1976 年，美国犹他大学的维克托 • 瓦利和里查德 • W. 肖特希尔第一次在实验室成功演示了光纤陀螺原理，这标志着光纤陀螺诞生。

光纤陀螺主要由光源、分束器（半透反射镜）、多匝光纤线圈和探测器等部分组成。从光源发出的激光束经分束器分成两束，在光纤环中相向传播并再次返回分束器，干涉后经输出端口进入光电探测器。当光纤陀螺绕光纤环的法向轴旋转时，由于 Sagnac 效应，两束相向传播的光束之间将产生光程差，进而产生相位差，并在耦合器中形成干涉。通过光电探测器检测出干涉光强的变化即可获得相位差，进而算得光纤陀螺绕其法向轴（也称光纤陀螺敏感轴）旋转的角速度。

2）光纤陀螺输出值

光纤陀螺直接输出的值 Γ，需除以一个系数 K，才能得到角速度测量值，其理论公式为

$$\Omega = \frac{\Gamma}{K} \tag{4.11}$$

如式（4.10），光纤陀螺的标度因数与光纤线圈的等效面积和被测信号的平均波长成正比，此外，其还与电子线路的转换系数有关。因此，K 值需在专业实验室进行标定。其

标定方法如下：

将用于标定的转台的旋转轴置为垂直，与当地垂线间误差不超过规定值。将光纤陀螺仪安装在转台上，使光纤陀螺敏感轴平行于转台旋转轴，误差不超过规定值。将光纤陀螺仪与输出测量设备连接好。在输入角速度范围内，正转、反转方向输入角速度分别不能少于 11 个角速度档，包括最大输入角速度。

按专用技术条件设定光纤陀螺仪输出数据的采样时间间隔及采样次数。在启动前，得到静态情况下的陀螺输出值平均值 Γ_s。然后分别得到正转和反转情况下，各个角速度档的陀螺直接输出值平均值。在测试结束时，得到静态情况下的陀螺直接输出值平均值 Γ_e。

转台静态情况下，由于受到地球自转角速度和光纤陀螺的零偏影响，光纤陀螺依然有输出值。其平均值为

$$\Gamma_r = \frac{1}{2}(\Gamma_s + \Gamma_e) \tag{4.12}$$

计算各个角速度档“干净”的输出值

$$\widetilde{\Gamma}_j = \Gamma_j - \Gamma_r \tag{4.13}$$

建立输入输出线性回归方程

$$\widetilde{\Gamma}_j = K \cdot \Omega_j + \Delta\Gamma \tag{4.14}$$

式中，Ω_j 为输入角速度，$\Delta\Gamma$ 为待求参数。对各个角速度档的输入输出建立形如式(4.14)的方程，利用最小二乘法，解得标度因数 K。

在以后的叙述中，将光纤陀螺的输出 Γ 称作光纤陀螺输出值，将经过标度因数变换得到的角速度 Ω 称作光纤陀螺测量值。

4.2　光纤陀螺定向原理

如图 4.4 所示，在地面一点 Q 上，光纤陀螺静止，QF 为光纤陀螺敏感轴指向，QK 为 QF 在水平面上的投影，QN 为北方向。A 为 QK 与北方向 QN 的夹角，也即光纤陀螺敏感轴的真方位角。ν 为 QF 与 QK 间的夹角，也即光纤陀螺敏感轴的高度角。测站 Q 的经纬度分别为 B_Q、L_Q，地球自转角速度为 Ω_e。

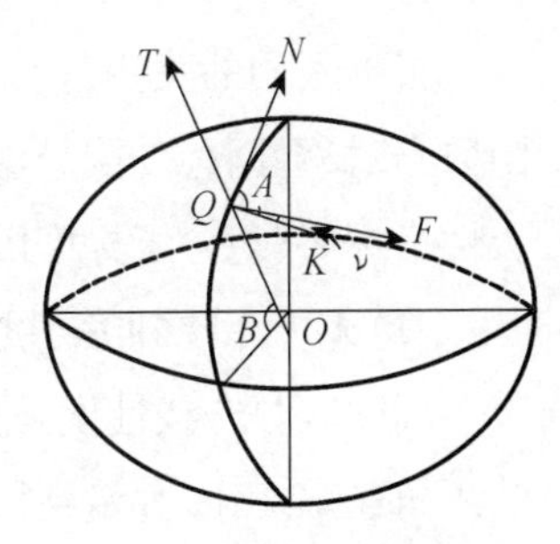

图 4.4　光纤陀螺定向原理图

在地球自转轴指向北极方向，存在一个自西向东的旋转矢量 Ω_e。于是，地球自转角速度 Ω_e 在 QN 上的投影量为

$$\Omega_{QN} = \Omega_e \cos B_Q \tag{4.15}$$

地球自转角速度Ω_e在QK上的投影量为

$$\Omega_{QK} = \Omega_e \cos B_Q \cos A \tag{4.16}$$

Ω_{QK}在QF上的投影量为

$$\Omega_{QF,QK} = \Omega_e \cos B_Q \cos A \cos \nu \tag{4.17}$$

地球自转角速度Ω_e在QT上的投影量为

$$\Omega_{QT} = \Omega_e \sin B_Q \tag{4.18}$$

Ω_{QT}在QF上的投影量为

$$\Omega_{QF,QT} = \Omega_e \sin B_Q \sin \nu \tag{4.19}$$

综合式(4.17)、式(4.19),地球自转角速度Ω_e在QF上的投影量为

$$\Omega_{QF} = \Omega_e \cos B_Q \cos A \cos \nu + \Omega_e \sin B_Q \sin \nu \tag{4.20}$$

如果光纤陀螺测得Ω_{QF},则有

$$A = \arccos \frac{\Omega_{QF} - \Omega_e \sin B_Q \sin \nu}{\Omega_e \cos B_Q \cos \nu} \tag{4.21}$$

如果知道QF的高度角ν,则利用式(4.21)即可算得真方位角A。

4.3 光纤陀螺的误差

4.3.1 主要误差

1) 标度因数误差

由于受各种因素影响,光纤陀螺输出和输入并不完全是线性关系,另外在进行标度因数标定时,测量输出和输入的数据也存在误差。因此,用最小二乘法拟合出来的标度因数也存在误差。

根据不同的关注角度,表征标度因数误差的技术指标主要有标度因数非线性度、标度因数不对称性、标度因数温度灵敏度等。标度因数稳定性是衡量标度因数误差的一项综合性指标,其包含了标度因数非线性度、标度因数不对称性、标度因数温度灵敏度等信息。

(1) 标度因数非线性度

标度因数非线性度是指陀螺仪输出量和拟合直线求得计算量之间的最大偏差与最大输入角速率之比,其量纲用 ppm(百万分之一)表示。

根据式(4.14),计算各个角速度档的拟合值

$$\overline{\widetilde{\Gamma}}_j = K \cdot \Omega_j + \Delta\Gamma \tag{4.22}$$

计算光纤陀螺输出的逐点非线性偏差

$$\lambda_{n,\,j} = \frac{\overline{\widetilde{\Gamma}}_j - \widetilde{\Gamma}_j}{|\widetilde{\Gamma}_m|} \tag{4.23}$$

式中，$\widetilde{\Gamma}_m$ 为光纤陀螺输出值中最大值。于是可得标度因数非线性度值为

$$\lambda_n = \max|\lambda_{n,\,j}| \tag{4.24}$$

(2) 标度因数不对称性

标度因数不对称性是指在陀螺仪正转和反转的情况下，分别求得相应的标度因数值，两者之间的差值与平均值的比值，其量纲用 ppm 表示。

分别求出标定标度因数时，转台正转、反转输入角速度范围内光纤陀螺仪标度因数 $K_{(+)}$、$K_{(-)}$。并求它们平均值

$$\overline{K} = \frac{K_{(+)} + K_{(-)}}{2} \tag{4.25}$$

计算标度因数不对称性

$$\lambda_a = \frac{|K_{(+)} - K_{(-)}|}{\overline{K}} \tag{4.26}$$

(3) 标度因数温度灵敏度

标度因数温度灵敏度是指，由温度变化引起光纤陀螺仪标度因数变化量与室温标度因数和温度变化量乘积之比，其量纲用 ppm/℃表示。

将光纤陀螺仪安装到带有温度试验箱的速率转台上，使光纤陀螺仪敏感轴平行于转台旋转轴，误差在规定值内。将速率转台的旋转轴置为垂直，误差在规定值内。光纤陀螺仪处于室温 T_m 条件下，温度试验箱处于非工作状态，测得光纤陀螺仪标度因数 K_m。设置试验温度点，当温箱达到规定温度，至少保温 30 min，使光纤陀螺仪达到热平衡，测得光纤陀螺仪在温度点 T_i 的标度因数 K_i。

最后计算标度因数温度灵敏度

$$\lambda_t = \left|\frac{K_i - K_m}{K_m(T_i - T_m)}\right|_{\max} \tag{4.27}$$

2) 零偏

零偏是指光纤陀螺在零输入状态下的输出值，用较长时间内此输出的均值等效折算为输入速率来表示。也就是说，在零输入状态下，光纤陀螺输出也应该是零或是在零处振荡的数据。然而，由于光电子器件并不处于理想状态下，导致光纤陀螺输出值与输入值之

间有个整体偏移量,也即零偏。

零偏的数值可以在专业实验室进行标定。光纤陀螺仪固定安装在水平基准上,并使光纤陀螺仪敏感轴精确指向东或西。静态采集光纤陀螺输出值 1 h 以上,得输出值平均值 $\overline{\Gamma}$。则光纤陀螺零偏为

$$\Delta\Omega_F = \frac{1}{K} \cdot \overline{\Gamma} \tag{4.28}$$

3) 零偏稳定性

通常,光纤陀螺静态情况下长时间稳态输出是一个平稳随机过程,故稳态输出将围绕零偏起伏和波动。一般用均方差来表示这种起伏和波动。这种均方差被定义为零偏稳定性,用相应的等效输入角速率表示。零偏稳定性也称作零漂。零偏稳定性的大小标志着观测值围绕零偏的离散程度,其单位用°/h 表示,其值越小,稳定性越好。零偏稳定性常用来表示光纤陀螺的精度。

零偏稳定性的数值可以在专业实验室进行标定。光纤陀螺仪固定安装在水平基准上,并使光纤陀螺仪敏感轴精确指向东或西,静态采集光纤陀螺输出值 1 h 以上。

首先将光纤陀螺输出值取平均得 $\overline{\Gamma}$。然后将光纤陀螺输出值每 10 s 分作一组,并分别取平均,得 $\overline{\Gamma}_j$。于是,零偏稳定性为

$$m_F = \frac{1}{K}\left[\frac{1}{n-1}\sum_{j=1}^{n}(\overline{\Gamma}_j - \overline{\Gamma})^2\right]^{\frac{1}{2}} \tag{4.29}$$

4.3.2 光纤陀螺误差模型

顾及到上述几种主要误差影响,式(4.11)需改写成

$$\Omega = \frac{\Gamma + \Delta\Gamma + \varepsilon}{K + \Delta K} \tag{4.30}$$

式中,Ω 为光纤陀螺输入角速度,Γ 为光纤陀螺直接输出值,K 为实验室标定出来的标度因数,ΔK 为标度因数的误差,$\Delta\Gamma$ 为零偏 $\Delta\Omega_F$ 相应的陀螺输出值,ε 为随机误差。

式(4.30)进一步可以写成

$$\begin{aligned}\Omega &= \frac{\Gamma + \Delta\Gamma + \varepsilon}{K + \Delta K} \\ &= \frac{\Gamma}{K + \Delta K} + \frac{\Delta\Gamma}{K + \Delta K} + \frac{\varepsilon}{K + \Delta K} \\ &= \frac{\Gamma}{K} - \frac{\Delta K \cdot \Gamma}{K(K + \Delta K)} + \frac{\Delta\Gamma}{K + \Delta K} + \frac{\varepsilon}{K + \Delta K}\end{aligned}$$

$$
\begin{aligned}
&= \bar{\Omega} - \frac{\Delta K}{K+\Delta K}\bar{\Omega} + \frac{\Delta \Gamma}{K+\Delta K} + \frac{\varepsilon}{K+\Delta K} \\
&= \frac{K}{K+\Delta K}\bar{\Omega} + \frac{\Delta \Gamma}{K+\Delta K} + \frac{\varepsilon}{K+\Delta K}
\end{aligned} \tag{4.31}
$$

式中，$\bar{\Omega}$ 为测得的角速度。将式(4.31)变形可得

$$
\frac{K+\Delta K}{K}\Omega = \bar{\Omega} + \frac{\Delta \Gamma}{K} + \frac{\varepsilon}{K} \tag{4.32}
$$

进一步可得光纤陀螺测量值的误差

$$
\begin{aligned}
\Delta\Omega &= \bar{\Omega} - \Omega \\
&= \frac{\Delta K}{K}\Omega - \frac{\Delta \Gamma}{K} - \frac{\varepsilon}{K} \\
&= \Delta\Omega_K - \Delta\Omega_F + \varepsilon'
\end{aligned} \tag{4.33}
$$

式中，$\Delta\Omega_K$ 为标度因数误差引起的测量值误差，ε' 为相应的随机误差。

4.4　光纤陀螺分类和产品

4.4.1　光纤陀螺分类

从工作原理、信号处理方式、偏振控制方式、工作波长等不同角度，光纤陀螺可以分为不同的类型。

从工作方式角度，光纤陀螺可分为干涉型光纤陀螺(IFOG)和谐振式光纤陀螺(RFOG)。干涉型光纤陀螺通过光电探测器检测干涉光强的变化，进而测得相位差，最终获得光纤陀螺旋转角速度。干涉型光纤陀螺是目前国内外应用最多和最成熟的类型，是实现高精度指标的主要技术途径。谐振型光纤陀螺是通过检测谐振频差进而确定陀螺的旋转角速度。谐振型光纤陀螺又可以分为有源型和无源型。其中有源谐振型光纤陀螺又可分为布里渊散射型和稀土掺杂型。

从信号处理方式的角度，干涉型光纤陀螺又分为开环光纤陀螺和闭环光纤陀螺。开环光纤陀螺具有成本较低、可实现较小体积、不存在死区等优点，但同时具有零偏稳定性差、标度因数非线性误差大、量程小等不足。闭环光纤陀螺则具有良好的线性度、零偏稳定性好和量程大等优点。闭环光纤陀螺又可分为数字闭环和模拟闭环光纤陀螺。数字闭环光纤陀螺采用数字信号实现闭环控制和信号输出，模拟闭环光纤陀螺采用的是模拟信号输出。

从偏振控制方式角度，干涉型光纤陀螺可分为消偏光纤陀螺、混偏光纤陀螺和全保偏光纤陀螺。消偏光纤陀螺可降低光纤线圈的成本，但其性能不如混偏光纤陀螺和全保偏光纤陀螺，随着保偏光纤成本的不断降低，其成本的优势已不明显。混偏光纤陀螺采用保偏光纤，但偏振器之前的耦合器为非偏振保持的单模光纤耦合器。全保偏光纤陀螺采用高偏振光源，整个光路采用偏振保持器。目前，混偏光纤陀螺应用得较多。

从工作波长的角度，干涉型光纤陀螺可以分为 830 nm 波长、1 310 nm 波长和 1 550 nm 波长等三种。830 nm 波长和 1 310 nm 波长的光纤陀螺通常采用的光源为半导体管芯的超辐射发光二极管，该类光源波长受温度和电流影响较大，功率相对较低，难以获得较高的标度因数性能。1 550 nm 波长光纤陀螺的光源为掺铒光纤光源，波长稳定性高，光源的出纤功率较高，有利于提高光纤陀螺的标度因数精度。

4.4.2 光纤陀螺产品

经过近四十年的发展，光纤陀螺产品越来越丰富，精度越来越高，体积越来越小，重量越来越轻，价格也越来越便宜。在众多光纤陀螺生产公司中，霍尼韦尔公司的产品代表着国际发展水平。该公司研制的精密级光纤陀螺性能指标已经达到零偏稳定性小于 0.000 3°/h，标度因数稳定性小于 1 ppm，被用于美国的战略导弹核潜艇、“哈勃”望远镜和战略导弹系统中。与此同时，霍尼韦尔公司还开发了中高精度的消偏式光纤陀螺以降低成本，其零偏稳定性达到 0.006°/h，标度因数稳定性 30 ppm。目前该公司的光纤陀螺已经覆盖所有陀螺精度的范围，其产品类型、结构和技术指标如表 4.1 所示。

表 4.1 霍尼韦尔公司光纤陀螺概况

陀螺类型	光学结构	零偏稳定性	角随机游走	标度因数稳定性
开环战术	保偏式	1°/h	$0.1°/\sqrt{h}$	1 000 ppm
闭环中等战术级	消偏式	0.5°/h	$0.04°/\sqrt{h}$	100 ppm
闭环导航级	消偏式	0.005°/h	$0.003°/\sqrt{h}$	20 ppm
闭环精密级	消偏式	0.000 2°/h	$0.0001°/\sqrt{h}$	0.5 ppm

国内研制光纤陀螺的起步较晚，但是经过多年的发展，已经有越来越多的单位投身到研制光纤陀螺的队伍中。一些单位的产品已具有较高的精度，并得到了较为广泛的应用。例如，哈尔滨工程大学所研制的光纤陀螺零偏稳定性已达 0.005°/h，角度随机游走为 $0.0005°/\sqrt{h}$，标度因数稳定性为 5 ppm。

第五章　光纤陀螺全站仪组合定向原理

5.1　组合方法

5.1.1　安装方式

为了实现即插即用，需要对全站仪、光纤陀螺分别进行改造，使在测绘现场能方便地将光纤陀螺安装到全站仪上，并能实现角秒级定向，定向完成后还可方便卸载光纤陀螺。

图 5.1(a)为全站仪结构示意图。在全站仪望远镜一侧加工一个带有锁紧装置的插槽，效果如图 5.1(b)。

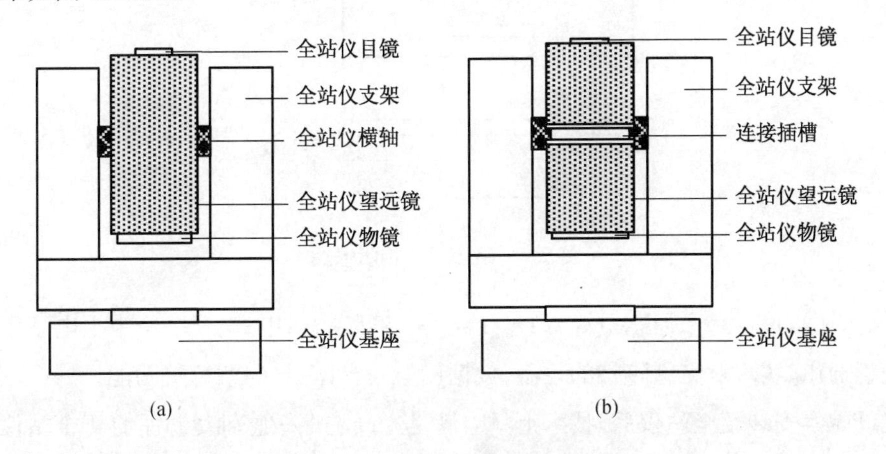

图 5.1　全站仪改造方法示意图

图 5.2(a)为光纤陀螺正面结构示意图；在光纤陀螺底板的背面添加一个插条，形成定向器，效果如图 5.2(b)。

在作业现场，将光纤陀螺通过插条和插槽，安装到全站仪望远镜上后，组合后结构如图 5.3 所示。组合后需达到如下效果：

(1) 光纤陀螺与全站仪望远镜间可以方便地实现现场安装和卸载；

(2) 连接应牢固稳定，不能松动；

(3) 光纤陀螺敏感轴应尽量垂直于全站仪横轴；

(4) 光纤陀螺可随望远镜在竖直面上自由转动，转动幅度不小于 180°。

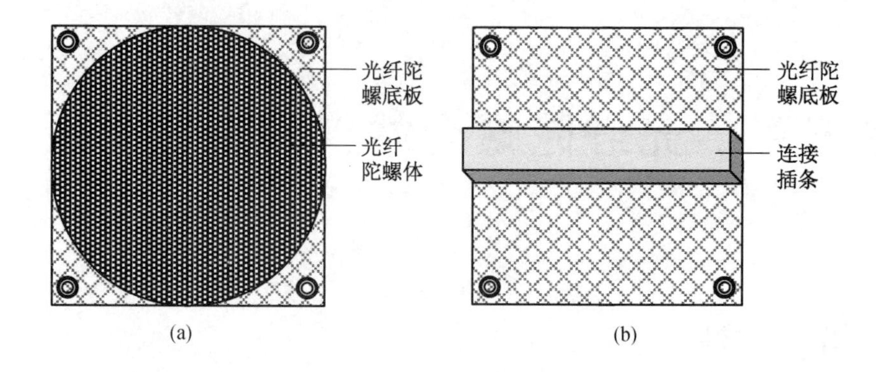

图 5.2　光纤陀螺改造方法示意图

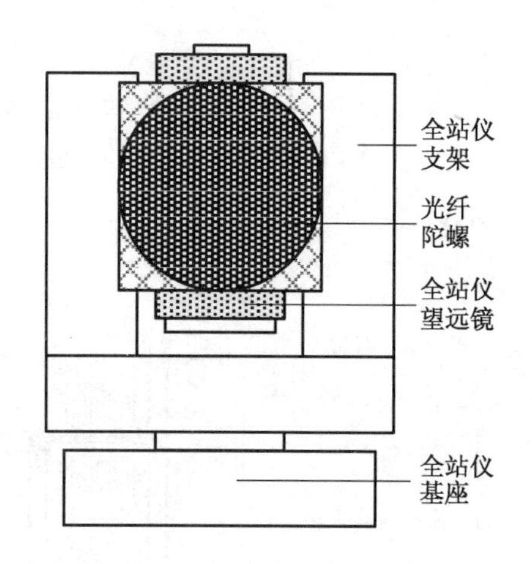

图 5.3　组合后结构示意图

另外，还需设计一个便携电源，通过线路为光纤陀螺供电；选配一个掌上电子手簿，与光纤陀螺通讯，实现对光纤陀螺的控制、数据读取与存储、定向解算等功能。

光纤陀螺安装至全站仪后，技术上只需满足光纤陀螺敏感轴尽量垂直于全站仪横轴、光纤陀螺可随全站仪望远镜在竖直方向作 180°自由转动这两个条件，这两个条件从机械加工上是比较容易实现的。

5.1.2　技术流程

为了实现使用过程中免标定、操作简单、系统误差自动抵偿、即插即用的效果，对光纤陀螺全站仪组合定向方法作了如图 5.4 所示的技术流程设计。

1）出厂标定

指在组合定向设备出厂前，测出光纤陀螺敏感轴与全站仪水平度盘面平行时，全站仪竖盘读数 θ_V，该值作为仪器组合常数。在以后生产使用中，通过将全站仪竖盘放到读数

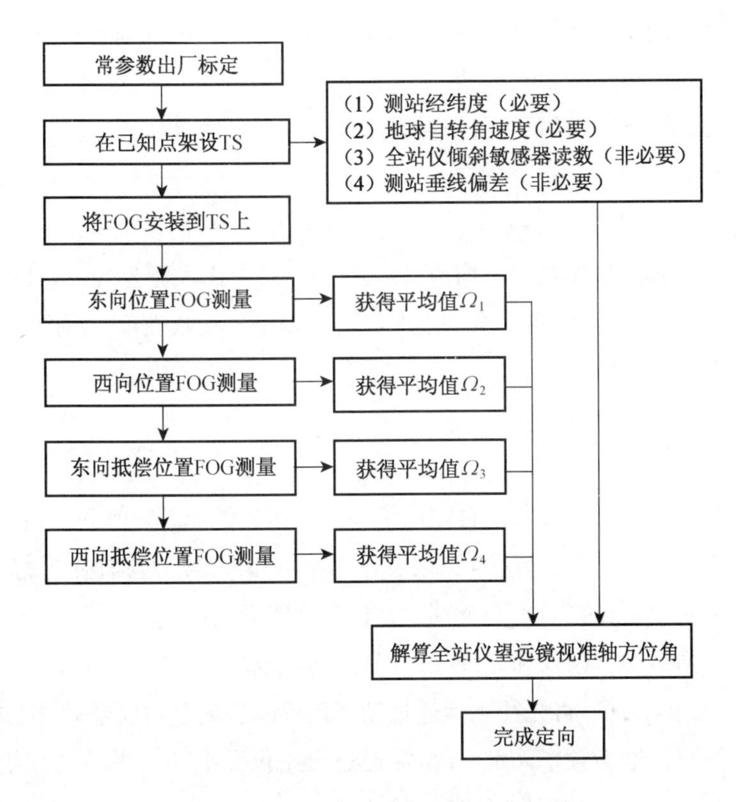

图 5.4　即插即用式组合定向技术流程

θ_V 位置，实现光纤陀螺敏感轴平行于全站仪水平度盘。理论上，在全站仪整平的情况下，此时光纤陀螺敏感轴水平，根据测站纬度 B，可以测定光纤陀螺敏感轴的真方位角。

2) 在控制点上架设全站仪

将全站仪整平对中，实现全站仪水平度盘水平且中心与控制点在同一条铅垂线上。

3) 在全站仪上安装光纤陀螺

将改造后的光纤陀螺、全站仪通过插条和插槽实现组合安装并锁紧。安装后，保证全站仪望远镜能带光纤陀螺在竖直平面内做不小于 180°的自由转动。

4) 四位置观测

四位置观测法是为了消除各项系统误差以及确定光纤陀螺输入轴与全站仪横轴的关系而设计的。

由于出厂参数标定误差的存在、使用过程中锁紧装置变形以及光纤陀螺安装到全站仪上时存在误差，使得全站仪竖盘放到读数 θ_V 位置时，光纤陀螺敏感轴并不完全处于水平状态，与水平面之间存在夹角 ν；另外，虽然已尽可能保证光纤陀螺敏感轴垂直于全站仪横轴，但是光纤陀螺敏感轴与垂直于全站仪横轴的面间依然存在一个小的交角 μ。也即，当全站仪竖盘位于读数 θ_V 时，光纤陀螺敏感轴与垂直于横轴的水平线之间夹角可分解成竖直度盘面上的夹角 ν 和水平度盘面上的夹角 μ。如果能解决夹角 ν 和 μ 的影响，即可得到垂直于横轴的水平线的真方位角，也即得到了全站仪视准轴的真方位角。

为了解决夹角 ν 和 μ 的影响，采取了四位置定向数据采集，并配合特定计算公式，使夹角 ν、夹角 μ 以及光纤陀螺零偏值作为系统误差得到抵消，从而实现基于光纤陀螺的即插即用式全站仪定向。

5）全站仪视准轴坐标方位角计算

首先将四个位置的静态观测平均值 Ω_1、Ω_2、Ω_3、Ω_4 代入计算公式，算得全站仪视准轴在东向位置时的真方位角；再根据纬度和经差算得子午线收敛角，进而得到全站仪视准轴在东向位置时的坐标方位角。

5.1.3 操作方法

即插即用式光纤陀螺全站仪组合定向设备由改造后的光纤陀螺和改造后的全站仪两部分组成。不进行单点定向时，这两部分是分开装箱和携带的，只有在进行单点定向时，才将光纤陀螺通过锁紧连接装置安置到全站仪望远镜上。

携带经过改造后的全站仪和光纤陀螺，到达作业现场；在已知点位经度 B、纬度 L 的控制点上整平对中全站仪，将光纤陀螺通过锁紧装置固连到全站仪望远镜上并通电，设置好光纤陀螺的测量值输出频率。定向时，需通过全站仪照准部水平转动和望远镜竖直转动，在四个位置利用光纤陀螺对地球自转角速度进行测量，获得四个位置光纤陀螺的测量值。四个位置具体观测操作如下：

1）东向位置采集

水平转动全站仪照准部，使全站仪横轴尽量指向南北，也即全站仪视准轴在水平面投影概略指向东向(此时全站仪视准轴方位角一般能在 75°～105°范围内)，并水平制动；转动全站仪望远镜，在全站仪竖盘读数为 θ_V 的位置竖直制动；待光纤陀螺测量数据输出平稳后，静态重复测量 t_1 秒钟，对光纤陀螺输出值进行预处理，取得测量值平均值为 Ω_1。

2）西向位置采集

松开全站仪水平制动，水平转动全站仪照准部 180°后水平制动；待光纤陀螺测量数据输出平稳后，光纤陀螺静态重复测量 t_2 秒钟，对光纤陀螺输出值进行预处理，取得测量值平均值 为 Ω_2。

3）东向补偿位置采集

松开全站仪竖直制动，倒装全站仪望远镜 180°后竖直制动；待光纤陀螺测量数据输出平稳后，光纤陀螺静态重复观测 t_3 秒钟，对光纤陀螺输出值进行预处理，取得测量值平均值 为 Ω_3。

4）西向补偿位置采集

松开全站仪水平制动，水平转动全站仪照准部 180°后水平制动；待光纤陀螺测量数据输出平稳后，光纤陀螺静态重复观测 t_4 秒钟，对光纤陀螺输出值进行预处理，取得测量值平均值为 Ω_4。

四个位置的光纤陀螺数据通过电子手簿采集、存储、计算。解算出全站仪视准轴的方位角后，即可关闭光纤陀螺电源，将光纤陀螺从全站仪上卸载并装箱。至此，完成了全站仪单点定向。以此定向为基础，即可进行后续测量。

5.2　光纤陀螺输出值预处理

5.2.1　观测粗差的剔除

粗差是指由于突发因素影响，产生的观测值偏差。其性质既不符合系统误差特征，也不符合偶然误差特征，其在数值上往往比偶然误差大很多。因此，一般多以超过两倍或者三倍中误差作为判断是否为粗差的界限。

在日常测量工作中，粗差经常会出现在测量数据中，而且对计算结果具有显著性影响。在光纤陀螺静态测量中，光纤陀螺电子部件出现突发事件的情形也时有发生，且很难被操作人员发现。因此，对光纤陀螺输出值进行粗差的自动定位与剔除显得尤为重要。

在测量数据处理中，粗差的自动定位与剔除是一个复杂的技术问题，相应的方法也很多。幸运的是，光纤陀螺全站仪组合定向系统的光纤陀螺测量为静态重复测量，相应的粗差自动定位与剔除也比较简单。

首先将某一位置的光纤陀螺静态测量输出值取平均

$$\overline{\Gamma}_{\mathrm{I}}=\frac{1}{n}\sum_{i=1}^{n}\Gamma_i \tag{5.1}$$

将各输出值与平均值相减，得改正数

$$v_{\mathrm{I},i}=\overline{\Gamma}_{\mathrm{I}}-\Gamma_i \tag{5.2}$$

计算均方差（测量中，称中误差）

$$m_{\Gamma_{\mathrm{I}}}=\sqrt{\frac{1}{n-1}\sum_{i=1}^{n}v_{\mathrm{I},i}^{2}} \tag{5.3}$$

先以三倍中误差为限值，将 $|v_{\mathrm{I},i}|$ 逐一与 $3m_{\Gamma_{\mathrm{I}}}$ 进行比较，并将大于 $3m_{\Gamma_{\mathrm{I}}}$ 的 $|v_{\mathrm{I},i}|$ 对应的输出量 Γ_i 予以剔除，剔除后的输出值数量由 n 减少为 n'。

利用式(5.1)、(5.2)、(5.3)，再次计算经过初步粗差剔除的光纤陀螺静态测量输出值平均值 $\overline{\Gamma}_{\mathrm{II}}$、偏差值 $v_{\mathrm{II},i}$ 和均方差 $m_{\Gamma_{\mathrm{II}}}$。以两倍中误差为限值，将 $|v_{\mathrm{II},i}|$ 逐一与 $2m_{\Gamma_{\mathrm{II}}}$

进行比较，并将大于 $2m_{\Gamma_{\text{II}}}$ 的 $|v_{\text{II},i}|$ 对应的输出量 Γ_i 予以剔除，剔除后的输出值数量由 n' 减少为 n''。

最后，将 n'' 个光纤陀螺输出值取平均，得到剔除粗差后的光纤陀螺输出值平均值

$$\overline{\Gamma} = \frac{1}{n''}\sum_{i=1}^{n''}\Gamma_i \tag{5.4}$$

同时，得到平均值的均方差(中误差)

$$v_i = \overline{\Gamma} - \Gamma_i \tag{5.5}$$

$$m_{\Gamma} = \sqrt{\frac{1}{n''(n''-1)}\sum_{i=1}^{n''}v_i^2} \tag{5.6}$$

5.2.2 标度因数确定及温补

光纤陀螺输出值需除以标度因数，才能得到相应的角速度观测值。在 4.1 节中，给出了光纤陀螺标度因数的标定方法，但由于标度因数非线性、标度因数不对称性以及温度变化带来的影响，使得标定出来的标度因数存在标度因数误差 ΔK。根据式(4.33)可知，光纤陀螺标度因数误差对光纤陀螺测量值的影响量为

$$\Delta\Omega_K = \frac{\Delta K}{K}\Omega \tag{5.7}$$

很显然，$\Delta\Omega_K$ 在四位置测量中，并不能得到消除，对定向的影响依然存在。为了减小 ΔK，针对标度因数非线性、标度因数不对称性问题，对标度因数采用分段局部标定的方法；针对温度变化带来的影响，对角速度观测值进行温度补偿，最终得到更为准确的角速度测量值。

1）分段局部标定

由于光纤陀螺全站仪组合定向系统中，光纤陀螺敏感轴已概略指向东西向，且地球自转角速度仅约为 15°/h。因此，光纤陀螺测量值仅在−5°/h ～5°/h 范围内。

针对标度因数非线性和不对称性问题，可采用局部、分段分别进行标度因数标定的方法，实验测试表明，效果非常明显。具体说，是以 0°/h 为界限，分成−5°/h ～0°/h 和 0°/h ～5°/h 两段(或分更多段)，利用 4.1 节所述的标度因数标定方法分别进行标定，得到标度因数 K_+、K_-。

定向应用时，由程序自动判断所应使用的标定因数。四个位置只需做四次判断，因此不会影响换算速度。

于是可得角速度观测值

$$\Omega = \frac{\overline{\Gamma}}{K_+} \tag{5.8}$$

或

$$\Omega = \frac{\overline{\Gamma}}{K_-} \tag{5.9}$$

以及该位置重复观测的角速度平均值中误差

$$\overline{m}_\Omega = \frac{m_\Gamma}{K_+} \tag{5.10}$$

或

$$\overline{m}_\Omega = \frac{m_\Gamma}{K_-} \tag{5.11}$$

2）温度补偿

针对温度变化对标度因数的影响，可采用温度补偿的方式进行解决，也即在陀螺测量值得基础上，加上一个由于温度变化引起的角速度改正数。研究表明，由温度变化引起的这个角速度改正数是角速度和温度的函数，这个函数模型通常采用多项式的形式。下面介绍这个多项式的建立过程。

将光纤陀螺放入带温控箱的转台上，在温度为－25℃、－15℃、－5℃、5℃、15℃、25℃、35℃、45℃、55℃，角速度－5～5°/h 范围内的多个角速度档，分别得到光纤陀螺输出值 $\Gamma_{i,j}$（i 为角速度档，j 为温度档）。利用分段局部标定得到的标度因数即可得到光纤陀螺角速度测量值 $\Omega_{i,j}$，其相应的角速度输入值为 $\widehat{\Omega}_i$。于是可得角速度偏差

$$e_{i,j} = \widehat{\Omega}_i - \Omega_{i,j} \tag{5.12}$$

建立多项式

$$\begin{aligned} e_{i,j} = {} & a_{0,0} + a_{1,0}\Omega_{i,j} + a_{0,1}T_j + a_{1,1}\Omega_{i,j}T_j + a_{0,2}T_j^2 + \\ & a_{0,3}T_j^3 + a_{1,2}\Omega_{i,j}T_j^2 + a_{1,3}\Omega_{i,j}T_j^3 \end{aligned} \tag{5.13}$$

式中，$a_{i,j}$ 为待求系数。

以式(5.13)算得的角速度偏差作为测量值，利用最小二乘解得系数 $a_{i,j}$。

在定向中，将测得的角速度 Ω 和当时温度 T 代入式(5.13)即可得温补改正数 e，利用改正数 e 对光纤陀螺测量值进行改正。以后所称光纤陀螺测量值或测量平均值，除有特别声明外，均是经过温补改正后的值。

利用分段局部标定的标度因数和温度补偿，即可得到较为准确的光纤陀螺测量值。

5.3 定向解算

下面讨论根据四个位置的光纤陀螺测量平均值Ω_1、Ω_2、Ω_3、Ω_4计算全站仪视准轴方位角的公式。

5.3.1 观测方程的建立

首先建立东向位置采集时光纤陀螺观测方程，并在此基础上导出其他三个位置的观测方程。

图 5.5 为在东向位置采集时各主要轴系关系。测站Q的经纬度分别为B_Q、L_Q，全站仪在测站Q上对中整平。QH为全站仪水平度盘面上垂直于全站仪横轴的方向，QN为测站子午面与水平度盘面的交线。QH与QN的夹角A为全站仪水平度盘面上垂直于横轴方向的真方位角，如无视准轴误差时即为全站仪视准轴的真方位角。QF为光纤陀螺敏感轴，QK为QF在水平度盘面上的投影。由于硬件集成误差以及组合常参数θ_V的标定误差，使得QF与QH间存在一个空间夹角κ。μ为QH与QK间的夹角，也即空间夹角κ在水平度盘面上的投影；ν为QF与QK间的夹角，也即κ在竖直度盘面上的投影。

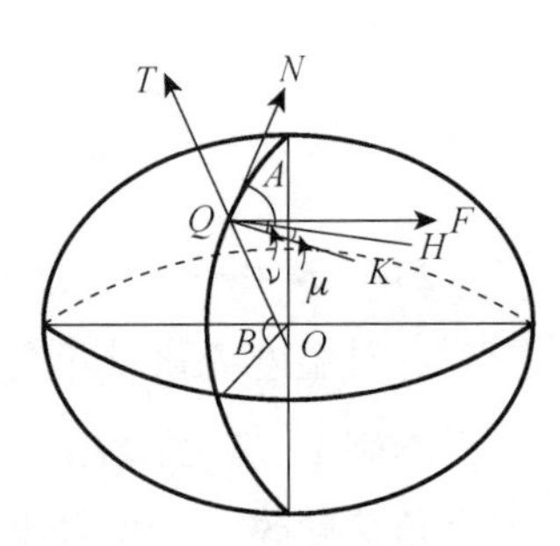

图 5.5 东向位置主要轴系图

东向位置采集时，地球自转角速度Ω_e在此光纤陀螺敏感轴QF上的分量为Ω_{e1}。由于光纤陀螺存在零偏$\Delta\Omega_F$，故光纤陀螺输出的测量值(已经过标定因数变换，下同)的平均值为Ω_1。当全站仪水平度盘面与测站椭球面法线垂直时，根据式(4.20)，可得

$$\Omega_1 = \Omega_{e1} + \Delta\Omega_F = \Omega_e \cos B_Q \cos(A+\mu)\cos\nu + \Omega_e \sin B_Q \sin\nu + \Delta\Omega_F \tag{5.14}$$

需要提醒的是本书并未对角度量的弧度制或角度制作出强制规定，但读者使用时应特别注意单位的一致性。

上式只有在全站仪水平度盘面与测站椭球面法线垂直，也即全站仪竖轴与测站椭球面法线平行时才成立。然而，由于全站仪整平误差存在，使得全站仪竖轴与测站重力线不平行；由于垂线偏差的存在，测站重力线与椭球面法线也不平行。在全站仪整平误差以及垂线偏差的综合影响下，全站仪竖轴与测站的椭球面法线间存在空间角Λ。空间角Λ的存在导致了式(5.14)并不严格成立。

根据式(4.20)，式(5.14)中的B_Q需更正为全站仪竖轴延长线与赤道面的夹角。设全站仪竖轴延长线与赤道面的夹角为B_P，则在点Q上，在空间角Λ影响下进行定向的光

纤陀螺全站仪组合定向系统，其东向位置采集的观测方程为

$$\Omega_1 = \Omega_{e1} + \Delta\Omega_F = \Omega_e \cos B_P \cos(A+\mu)\cos\nu + \Omega_e \sin B_P \sin\nu + \Delta\Omega_F \tag{5.15}$$

水平转动全站仪照准部180°到西向位置。不管全站仪是否存在横轴误差和视准轴误差，此时，κ在水平度盘面上的投影依然为μ，在竖直度盘面上的投影依然为ν。参照式(5.15)，则有

$$\begin{aligned}\Omega_2 &= \Omega_{e2} + \Delta\Omega_F = \Omega_e \cos B_P \cos(180+A+\mu)\cos\nu + \Omega_e \sin B_P \sin\nu + \Delta\Omega_F \\ &= -\Omega_e \cos B_P \cos(A+\mu)\cos\nu + \Omega_e \sin B_P \sin\nu + \Delta\Omega_F\end{aligned} \tag{5.16}$$

式中，Ω_{e2}为地球自转角速度Ω_e在西向位置时光纤陀螺敏感轴上的分量。

倒转全站仪望远镜180°后到东向补偿位置。此时，κ在水平度盘面上的投影为$-\mu$，在竖直度盘面上的投影为$-\nu$。参照式(5.15)，则有

$$\begin{aligned}\Omega_3 &= \Omega_{e3} + \Delta\Omega_F = \Omega_e \cos B_P \cos(A-\mu)\cos(-\nu) + \Omega_e \sin B_P \sin(-\nu) + \Delta\Omega_F \\ &= \Omega_e \cos B_P \cos(A-\mu)\cos\nu - \Omega_e \sin B_P \sin\nu + \Delta\Omega_F\end{aligned} \tag{5.17}$$

式中，Ω_{e3}为地球自转角速度Ω_e在东向补偿位置时光纤陀螺敏感轴上的分量。

水平转动全站仪照准部180°到西向补偿位置。此时，κ在水平度盘面上的投影为$-\mu$，在竖直面上的投影为$-\nu$。参照式(5.16)，则有

$$\begin{aligned}\Omega_4 &= \Omega_{e4} + \Delta\Omega_F = \Omega_e \cos B_P \cos(180+A-\mu)\cos(-\nu) + \Omega_e \sin B_P \sin(-\nu) + \Delta\Omega_F \\ &= -\Omega_e \cos B_P \cos(A-\mu)\cos\nu - \Omega_e \sin B_P \sin\nu + \Delta\Omega_F\end{aligned} \tag{5.18}$$

式中，Ω_{e4}为地球自转角速度Ω_e在西向补偿位置时光纤陀螺敏感轴上的分量。

式(5.15)～(5.18)即为即插即用式光纤陀螺全站仪组合定向方法的四个位置观测方程。

5.3.2　全站仪竖轴方向的确定

由于在Q点架设仪器，仅知道Q点的坐标(B_Q，L_Q)，而并不知道全站仪竖轴延长线与赤道面的夹角B_P。设

$$B_P = B_Q + \Delta B \tag{5.19}$$

式中，ΔB是由全站仪整平误差和测站垂线偏差共同引起的空间角Λ在子午面上的投影分量。

先讨论全站仪整平误差在子午圈和卯酉圈的投影量。全站仪整平误差τ在横轴方向的分量为τ_y，在垂直于横轴方向的分量为τ_x。τ_x、τ_y大小可由全站仪内置微倾敏感器给出。全站仪整平误差τ在子午面的分量为τ_N，在卯酉面上的分量为τ_E。

如图 5.6 所示，E_0G_0 为全站仪水平度盘面与测站水平面的交线，QN 为测站子午面与全站仪水平度盘面的交线，Qn 为测站子午面与测站水平面的交线，QH 为全站仪水平度盘面上垂直于全站仪横轴的方向，Qh 为 QH 沿法截面在测站水平面上的投影，QG 为全站仪横轴的方向，Qg 为 QG 沿法截面在测站水平面上的投影，QE 为卯酉面与全站仪水平度盘面的交线，Qe 为卯酉面与测站水平面的交线。A 为 QH 与 QN 之间的夹角，β 为 QN 与 QG_0 之间的夹角。其中，$d_{QG}=d_{QN}=d_{QH}=d_{QE}=R$。

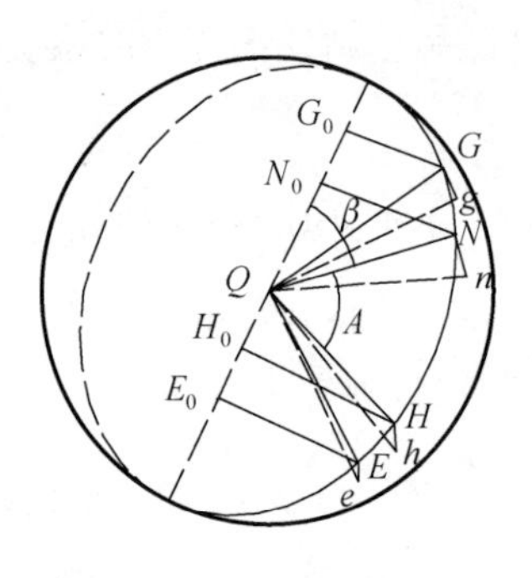

图 5.6　全站仪整平误差在法截面的投影

由图 5.6 可得

$$\sin(180^\circ-\beta-A)=\frac{d_{H_0H}}{R} \tag{5.20}$$

$$\sin(90^\circ-\beta)=\frac{d_{E_0E}}{R} \tag{5.21}$$

$$\sin(\beta+A-90^\circ)=\frac{d_{G_0G}}{R} \tag{5.22}$$

$$\sin\beta=\frac{d_{N_0N}}{R} \tag{5.23}$$

将式(5.20)～(5.22)变形可得

$$\sin(180^\circ-\beta-A)=\sin(\beta+A)=\sin\beta\cos A+\sin A\cos\beta=\frac{d_{H_0H}}{R} \tag{5.24}$$

$$\sin(90^\circ-\beta)=\cos\beta=\frac{d_{E_0E}}{R} \tag{5.25}$$

$$\sin(\beta+A-90^\circ)=-\cos(\beta+A)=\sin\beta\sin A-\cos\beta\cos A=\frac{d_{G_0G}}{R} \tag{5.26}$$

由式(5.23)～(5.26)，可得

$$\frac{d_{N_0N}}{R}\cos A+\sin A\frac{d_{E_0E}}{R}=\frac{d_{H_0H}}{R} \tag{5.27}$$

$$\frac{d_{N_0N}}{R}\sin A-\frac{d_{E_0E}}{R}\cos A=\frac{d_{G_0G}}{R} \tag{5.28}$$

由式(5.27)～(5.28),可得

$$\begin{cases} d_{E_0E}\sin A + d_{N_0N}\cos A = d_{H_0H} \\ d_{N_0N}\sin A - d_{E_{01}E}\cos A = d_{G_0G} \end{cases} \tag{5.29}$$

由图 5.6 可得

$$\sin\tau_x = \frac{d_{Hh}}{R} \tag{5.30}$$

$$\sin\tau_y = \frac{d_{Gg}}{R} \tag{5.31}$$

$$\sin\tau_E = \frac{d_{Ee}}{R} \tag{5.32}$$

$$\sin\tau_N = \frac{d_{Nn}}{R} \tag{5.33}$$

$$\sin\tau = \frac{d_{Ee}}{d_{E_0E}} = \frac{d_{Hh}}{d_{H_0H}} = \frac{d_{Nn}}{d_{N_0N}} = \frac{d_{Gg}}{d_{G_0G}} \tag{5.34}$$

由式(5.30)～(5.34),可得

$$d_{E_0E} = \frac{d_{Ee}}{\sin\tau} = \frac{R}{\sin\tau}\sin\tau_E \tag{5.35}$$

$$d_{H_0H} = \frac{d_{Hh}}{\sin\tau} = \frac{R}{\sin\tau}\sin\tau_x \tag{5.36}$$

$$d_{N_0N} = \frac{d_{Nn}}{\sin\tau} = \frac{R}{\sin\tau}\sin\tau_N \tag{5.37}$$

$$d_{G_0G} = \frac{d_{Gg}}{\sin\tau} = \frac{R}{\sin\tau}\sin\tau_y \tag{5.38}$$

将式(5.35)～(5.38)代入式(5.29),可得

$$\begin{cases} \sin\tau_N\cos A + \sin\tau_E\sin A = \sin\tau_x \\ \sin\tau_N\sin A - \sin\tau_E\cos A = \sin\tau_y \end{cases} \tag{5.39}$$

解式(5.39)可得

$$\begin{cases} \sin\tau_N = \sin\tau_x\cos A + \sin\tau_y\sin A \\ \sin\tau_E = \sin\tau_x\sin A - \sin\tau_y\cos A \end{cases} \tag{5.40}$$

进一步可得

$$\begin{cases}\tau_N = \arcsin(\sin\tau_x \cos A + \sin\tau_y \sin A) \\ \tau_E = \arcsin(\sin\tau_x \sin A - \sin\tau_y \cos A)\end{cases} \tag{5.41}$$

设点 Q 的垂线偏差在子午圈的分量为 ξ_Q，在卯酉圈的分量为 η_Q，则有

$$\Delta B = \tau_N + \xi_Q = \arcsin(\sin\tau_x \cos A + \sin\tau_y \sin A) + \xi_Q \tag{5.42}$$

于是利用式(5.42)、式(5.19)可得全站仪竖轴延长线与赤道面的夹角 β_P。

5.3.3 全站仪视准轴坐标方位角计算方程

由式(5.15)、式(5.16)，可得

$$\Omega_1 - \Omega_2 = \Omega_{e1} - \Omega_{e2} = 2\Omega_e \cos B_P \cos(A+\mu)\cos\nu \tag{5.43}$$

进一步可得：

$$A + \mu = \arccos\frac{\Omega_1 - \Omega_2}{2\Omega_e \cos B_P \cos\nu} \tag{5.44}$$

由式(5.17)、式(5.18)，同理可得

$$A - \mu = \arccos\frac{\Omega_3 - \Omega_4}{2\Omega_e \cos B_P \cos\nu} \tag{5.45}$$

由式(5.44)、式(5.45)，可得

$$A = \frac{1}{2}\left(\arccos\frac{\Omega_1 - \Omega_2}{2\Omega_e \cos B_P \cos\nu} + \arccos\frac{\Omega_3 - \Omega_4}{2\Omega_e \cos B_P \cos\nu}\right) \tag{5.46}$$

由于实际工作中，在高斯平面坐标系中采用的是坐标方位角 α，因此需要进一步把全站仪视准轴的真方位角 A 转换成全站仪视准轴坐标方位角 α。

参照式(2.8)，可得子午线收敛角

$$\gamma = (L_Q - L_0)\cdot\sin B_Q \tag{5.47}$$

式中，L_0 为中央子午线经度。

于是可得全站仪视准轴坐标方位角

$$\hat{\alpha} = A - \gamma = \frac{1}{2}\left(\arccos\frac{\Omega_1 - \Omega_2}{2\Omega_e \cos B_P \cos\nu} + \arccos\frac{\Omega_3 - \Omega_4}{2\Omega_e \cos B_P \cos\nu}\right) - (L_Q - L_0)\cdot\sin B_Q \tag{5.48}$$

从上式可见，该方法已完全消除了陀螺零偏 $\Delta\Omega_F$ 的影响。在各位置观测时，已转动

全站仪望远镜使光纤陀螺敏感轴处于理论水平位置，ν 仅是由于 θ_V 的标定误差以及光纤陀螺现场安装误差带来的影响，属于极小角。为了方便计算，近似取 $\nu=0$，于是可得

$$\alpha=\frac{1}{2}\left(\arccos\frac{\Omega_1-\Omega_2}{2\Omega_e\cos B_P}+\arccos\frac{\Omega_3-\Omega_4}{2\Omega_e\cos B_P}\right)-(L_Q-L_0)\cdot\sin B_Q \tag{5.49}$$

式(5.49)即为计算全站仪视准轴坐标方位角的实用公式。

5.4　系统误差分析及处理

5.4.1　涉及的系统误差

定向中，涉及的系统误差有：光纤陀螺零偏、组合安装偏差、全站仪轴系误差等。

1）光纤陀螺零偏的影响

根据式(5.43)、式(5.44)，通过东向位置和西向位置的测量值求差、东向补偿位置和西向补偿位置的测量值求差，消去了光纤陀螺零偏。因此，光纤陀螺零偏对定向没有影响。

2）安装误差分量 μ、ν 的影响

由于组合连接装置加工精度、日久变形、θ_V 标定误差等因素导致光纤陀螺敏感轴与垂直于全站仪横轴的水平度盘上直线不平行，这个误差称作安装误差。在定向过程中，安装误差在水平度盘面的分量 μ 的大小可控制在 $-5°\sim+5°$ 范围内、在竖直盘面的分量 ν 的大小可控制在 $-100''\sim+100''$。通过四个位置观测值的组合，在方位角计算公式中消去了安装误差在水平度盘面的分量 μ；为了解算方便，在方位角实用计算公式中将 ν 近似为零。因此，存在安装误差分量 ν 近似为零对定向带来的系统误差。

3）全站仪轴系误差的影响

(1) 关于视准轴误差

定向结果得到的是全站仪水平度盘面上垂直于横轴方向的真方位角，如无视准轴误差时即为全站仪视准轴的真方位角。因此，全站视准轴误差对组合定向本身没有影响。

(2) 关于横轴误差

在四个位置观测时，四个位置是对称的，观测是静止的；安装误差角分解到水平度盘面和竖直面上时，并没有涉及横轴的状况。因此，全站仪横轴误差对定向没有影响。

(3) 关于全站仪竖轴误差

利用光纤陀螺数据解算方位角时，需要用到全站仪竖轴与赤道面间的夹角 B_P，而实际上只知道测站纬度 B_Q（即测站椭球面法线与赤道面的夹角）。B_P 和 B_Q 之间存在差值，这个差值是由全站仪竖轴误差和垂线偏差共同引起的。全站仪竖轴误差和垂线偏差可以

利用一定的方法获得。将全站仪竖轴误差、垂线偏差的具体值代入方位角解算过程中，即可消除全站仪竖轴误差、垂线偏差对定向的影响。

(4) 关于水平度盘面方位角不水平

如图 5.6 所示，由于全站仪水平度盘面与测站法平面不平行，定向得到的真方位角 A 是 QH 与 QN 之间的夹角。理论上，所应测得真方位角应为 Qh 与 Qn 之间的夹角 $\widehat{A}$ 。因此，定向结果存在系统误差 $\Delta\widehat{A}=\widehat{A}-A$。

由上述分析可知，需进一步讨论安装误差近似取零和水平度盘面方位角不水平对定向影响的大小。

5.4.2 安装误差近似取零的影响

光纤陀螺敏感轴与垂直于全站仪横轴的水平线之间的夹角分别在水平度盘面和竖直面有分量 μ、ν。推导方位角计算公式(5.49)时，做了 $\nu=0$ 的近似。因此，方位角计算公式(5.49)存在模型误差。下面讨论该模型误差的大小。

将式(5.48)对 ν 进行迈克劳林级数展开。其中，$\widehat{\alpha}$ 对 ν 的 1 阶导数为：

$$\widehat{\alpha}'=\frac{1}{2}\left(\begin{array}{l}-\dfrac{1}{\sqrt{1-\left(\dfrac{\Omega_1-\Omega_2}{2\Omega_e\cos B_P\cos\nu}\right)^2}}\cdot\dfrac{\Omega_1-\Omega_2}{2\Omega_e\cos B_P\cos^2\nu}\sin\nu-\\ \dfrac{1}{\sqrt{1-\left(\dfrac{\Omega_3-\Omega_4}{2\Omega_e\cos B_P\cos\nu}\right)^2}}\cdot\dfrac{\Omega_3-\Omega_4}{2\Omega_e\cos B_P\cos^2\nu}\sin\nu\end{array}\right)\tag{5.50}$$

取 $\nu=0$，可得

$$\widehat{\alpha}'=0\tag{5.51}$$

顾及到式(5.44)、式(5.45)，$\widehat{\alpha}$ 对 ν 的 2 阶导数为：

$$\widehat{\alpha}''=\frac{1}{2}[-\cot(A+\mu)-\cot(A-\mu)]\frac{1}{\cos^2\nu}\tag{5.52}$$

取 $\nu=0$，可得

$$\widehat{\alpha}''=-\frac{1}{2}[\cot(A+\mu)+\cot(A-\mu)]\tag{5.53}$$

顾及到式(5.44)、式(5.45)，$\widehat{\alpha}$ 对 ν 的 3 阶导数为：

$$\widehat{\alpha}'''=[-\cot(A+\mu)-\cot(A-\mu)]\frac{\sin\nu}{\cos^3\nu}\tag{5.54}$$

取 $\nu=0$，可得

$$\hat{\alpha}''' = 0 \tag{5.55}$$

顾及到式(5.44)、(5.45)，$\hat{\alpha}$ 对 ν 的 4 阶导数为：

$$\hat{\alpha}^{(4)} = [-\cot(A+\mu) - \cot(A-\mu)]\left(\frac{3\sin\nu}{\cos^4\nu} + \frac{1}{\cos^2\nu}\right) \tag{5.56}$$

取 $\nu = 0$，可得

$$\hat{\alpha}^{(4)} = [-\cot(A+\mu) - \cot(A-\mu)] \tag{5.57}$$

于是式(5.48)对 ν 的迈克劳林级数展开结果为：

$$\hat{\alpha} = \alpha - \frac{1}{4}[\cot(A-\mu) + \cot(A+\mu)]\nu^2 - \frac{1}{24}[\cot(A-\mu) + \cot(A+\mu)]\nu^4 + \cdots \tag{5.58}$$

即有

$$\Delta\alpha = \hat{\alpha} - \alpha = -\frac{1}{4}[\cot(A-\mu) + \cot(A+\mu)]\nu^2 - \frac{1}{24}[\cot(A-\mu) + \cot(A+\mu)]\nu^4 + \cdots \tag{5.59}$$

式(5.59)中，ν 应以弧度值表示。

由式(5.59)可见，$\Delta\alpha$ 是 A、μ、ν 的函数，且 $\Delta\alpha$ 是 μ、ν 的偶函数。

考虑到加工难度、日久变形等因素，μ 的大小控制在 $-5^\circ \sim +5^\circ$ 范围内还是很容易做到的。定向时，在东向位置，已尽量使光纤陀螺敏感轴指向东向。因此，真方位角 A 完全有把握控制在 $75^\circ \sim 105^\circ$ 范围内。

首先讨论在 ν 固定情况下，$\Delta\alpha$ 随 A、μ 变化情况。取 $\nu = 600''$，$0^\circ < \mu < 5^\circ$，$75^\circ < A < 105^\circ$，由式(5.59)计算得到 $\Delta\alpha$（单位：$''$），并绘出等值曲线如图 5.7 所示。

由图 5.7 可见，在某一方位角下，当 μ 从 0° 变化到 5° 时，$\Delta\alpha$ 几乎没有变化；$\Delta\alpha$ 受 A 的影响较大且以 $A = 90^\circ$ 为中心呈对称性分布，当 $\nu = 600$、$A = 90^\circ$ 时，$\Delta\alpha = 0''$，当 $\nu = 600$、$A = 105^\circ$ 时，$\Delta\alpha = 0.25''$。由此可见，在取 $\nu = 0$ 时，μ 对定向的影响极小，A 和 ν 对定向有明显影响。

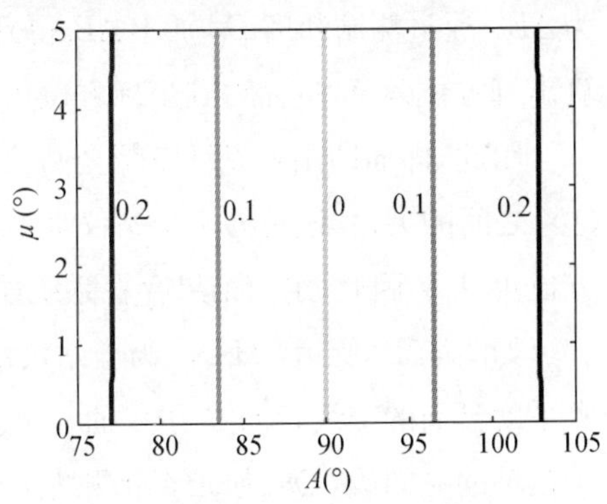

图 5.7　$\Delta\alpha$ 随 A、μ 变化的等值线

下面讨论 $\Delta\alpha$ 受 A 和 ν 取值影响的规律。图 5.8 表示的是当 $\mu = 5^\circ$ 且在 ν 取三种不同值时，$\Delta\alpha$ 随 A 不同的变化规律。

由图 5.8 可见，$\Delta\alpha$ 与 A 间具有线性关系，ν 越大，斜率越大。

图 5.9 表示的是当 $\mu=5°$ 且在 A 取三种不同值时，$\Delta\alpha$ 随 ν 不同的变化规律。

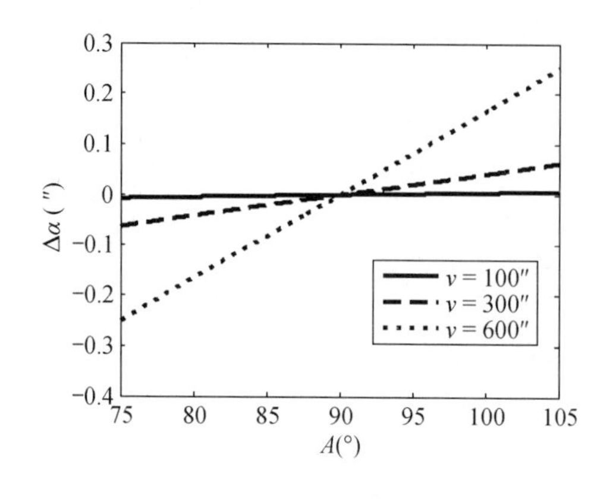

图 5.8　A 取值对 Δα 的影响(μ=5°)

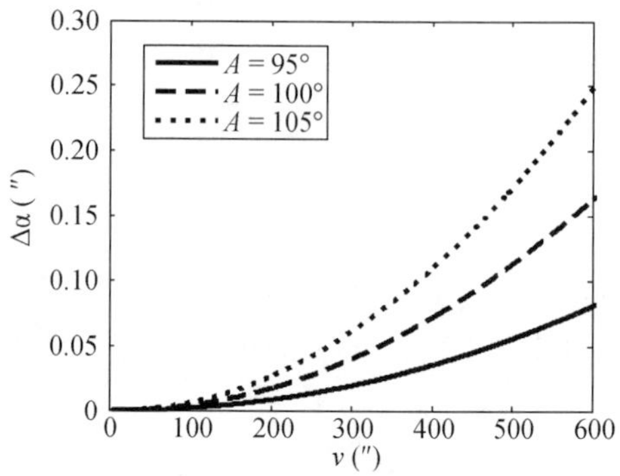

图 5.9　ν 取值对 Δα 的影响(μ=5°)

由图 5.9 可见，当 $\nu<100''$ 时，$\Delta\alpha$ 极小；当 ν 超过 $100''$ 后，$\Delta\alpha$ 随 ν 增大而加速增大。在 $A=105°$(或 $A=75°$)不利情况下，即使 ν 达到 $600''$，$\Delta\alpha$ 也仅为 $0.25''$。

由于 ν 是组合常数 θ_V 的标定误差和锁紧装置变形误差共同作用的结果。理论及实践均证明，组合常数 θ_V 的标定误差可控制在 $4''$ 甚至更小范围内；对于锁紧装置在使用过程中的变形因素，一方面锁紧装置加工可以选择变形比较小的材料，另一方面可重新对组合常数重新测定。因此 ν 一般能控制在 $100''$ 内，也即即插即用式光纤陀螺全站仪组合定向系统安装误差对定向的影响极小；即使 ν 达到 $600''$，$\Delta\alpha$ 也仅为 $0.25''$。

因此，将安装误差近似为零，其对定向精确度的影响很小，可忽略不计。

5.4.3　水平度盘面方位角不水平的影响

在纬度为 B_Q 的测站上架设仪器进行定向，由于全站仪整平误差及垂线偏差的综合影响，全站仪竖轴与测站法线不平行，存在一个空间角 Λ，空间角 Λ 在子午面上投影分量为 ΔB。通过测站纬度 B_Q 加上 ΔB 得到全站仪竖轴与地球自转轴的夹角 B_P，基于 B_P 解算出真方位角 A，进而得到坐标方位角 α。

因此，即插即用式光纤陀螺全站仪组合定向得到的真方位角 A 为图 5.6 中的 QH 与 QN 之间的夹角，该角处于全站仪水平度盘面上。而理论上应测得的是测站法平面内的方位角 $\widehat{A}$。因此，定向结果存在系统误差 $\Delta\widehat{A}=\widehat{A}-A$。下面讨论 $\Delta\widehat{A}$ 的大小。

如图 5.10 所示，H_0N_0 为全站仪水平度盘面与测站法平面的交线，QN 为子午面与水平度盘面的交线，Qn 为子午面与测站法平面的交线，QH 为全站仪水平度盘面上垂直于横轴的方向线，Qh 为 QH 沿测站法截面在测站法平面上的投影。A 为 QN 和 QH 之间的夹角，$\widehat{A}$ 为 Qn 和 Qh 之间的夹角，β 为 QN_0 和 QN 之间的夹角，$\widehat{\beta}$ 为 QN_0 和 Qn 之间的夹角，全站仪水平度盘面与测站法平面之间的夹角为 Λ。

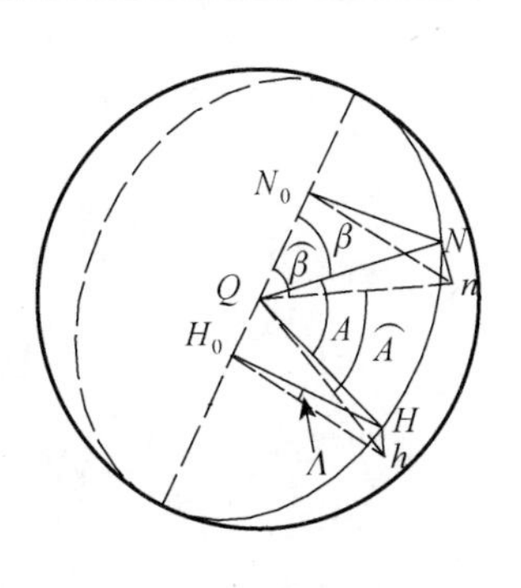

图 5.10　水平度盘面方位角不水平示意图

由图 5.10 可得

$$\tan\beta=\frac{d_{N_0N}}{d_{QN_0}} \tag{5.60}$$

$$\tan\widehat{\beta}=\frac{d_{N_0n}}{d_{QN_0}} \tag{5.61}$$

$$\cos\Lambda=\frac{d_{N_0n}}{d_{N_0N}} \tag{5.62}$$

由式(5.60)～(5.62)可得

$$\tan\widehat{\beta}=\tan\beta\cos\Lambda \tag{5.63}$$

变形可得

$$\widehat{\beta}=\arctan[\tan\beta\cos\Lambda] \tag{5.64}$$

又因为

$$\tan(180-\beta-A)=\frac{d_{H_0H}}{d_{QH_0}} \tag{5.65}$$

$$\tan(180-\widehat{\beta}-\widehat{A})=\frac{d_{H_0h}}{d_{QH_0}} \tag{5.66}$$

$$\cos\Lambda=\frac{d_{H_0h}}{d_{H_0H}} \tag{5.67}$$

由式(5.65)～(5.67)可得

$$\tan(\widehat{\beta}+\widehat{A})=\tan(\beta+A)\cos\Lambda \tag{5.68}$$

变形可得

$$\widehat{A}=\arctan[\tan(\beta+A)\cos\Lambda]-\widehat{\beta} \tag{5.69}$$

顾及到式(5.64)，进一步可得

$$\Delta\widehat{A}=A-\widehat{A}=A-\arctan[\tan(\beta+A)\cos\Lambda]+\arctan[\tan\beta\cos\Lambda] \tag{5.70}$$

式(5.70)中，Λ 为全站仪整平误差和垂线偏差的综合结果。在不利的情况下，Λ 也能保证在$-60''$～$60''$之间。考虑到 $\Delta\widehat{A}$ 为 Λ 的增函数，且 $\cos\Lambda$ 为偶函数，同时为了凸显该模型误差影响，取 $\Lambda=60''$；A 的取值范围为 $75°$～$105°$，β 的取值范围为$-90°$～$90°$。利

用式(5.70)可得图 5.11(a)等值曲线。

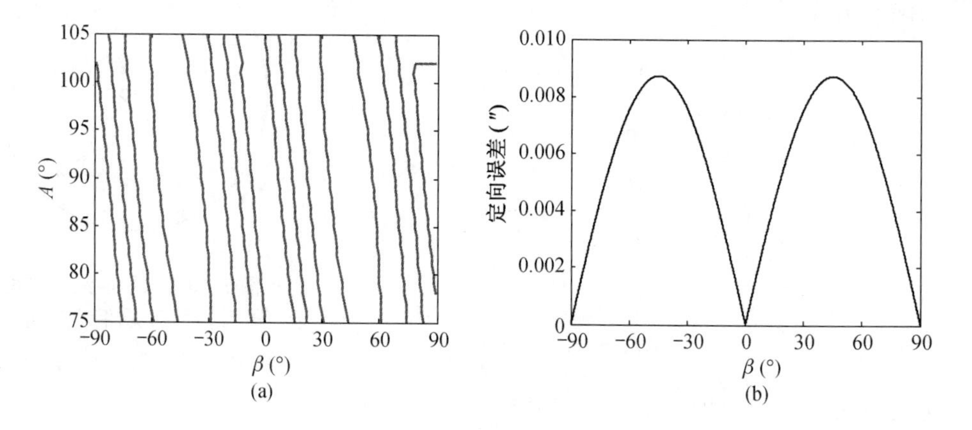

图 5.11　水平度盘不水平的影响

由图 5.11(a)可见，$\Delta\widehat{A}$ 大小主要与β 有关，受真方位角 A 取值的影响较小。

于是，取 $\Lambda=60''$，$A=90°$，利用式(5.70)得到图 5.11(b)。从图 5.11(b)可见，计算得到的水平度盘面上方位角与测站法平面上的真实方位角间差值最大仅为 0.009″，误差非常小，可忽略不计。

总的来说，即插即用式光纤陀螺全站仪组合定向结果所受到的系统误差影响极小，可忽略不计。

5.5　偶然误差分析

根据计算坐标方位角的公式(5.49)，计算公式中涉及的物理量有：地球自转角速度 Ω_e、虚拟测站坐标 B_P、四个位置的光纤陀螺观测量 Ω、子午线收敛角 γ。子午线收敛角 γ 作为一个整体物理量，其精度情况已在第 2 章中做了讨论，这里不再重复讨论。

5.5.1　地球自转角速度误差的影响

将式(5.49)对 Ω_e 求偏微分可得

$$d\alpha_e=\frac{1}{2}\left(\frac{1}{\sqrt{1-\left(\dfrac{\Omega_1-\Omega_2}{2\Omega_e\cos B_P}\right)^2}}\frac{\Omega_1-\Omega_2}{2\Omega_e\cos B_P}+\frac{1}{\sqrt{1-\left(\dfrac{\Omega_3-\Omega_4}{2\Omega_e\cos B_P}\right)^2}}\frac{\Omega_3-\Omega_4}{2\Omega_e\cos B_P}\right)\frac{d\Omega_e}{\Omega_e}\tag{5.71}$$

当 ν 取 0 时，由式(5.44)、(5.45)可得

$$\frac{\Omega_1-\Omega_2}{2\Omega_e\cos B_P}=\cos(A+\mu) \tag{5.72}$$

$$\frac{\Omega_3-\Omega_4}{2\Omega_e\cos B_P}=\cos(A-\mu) \tag{5.73}$$

则式(5.71)进一步可写成

$$\begin{aligned} d\alpha_e &= \frac{1}{2}\left(\frac{1}{\sqrt{1-\cos^2(A+\mu)}}\cos(A+\mu)+\frac{1}{\sqrt{1-\cos^2(A-\mu)}}\cos(A-\mu)\right)\frac{d\Omega_e}{\Omega_e} \\ &= \frac{1}{2\Omega_e}[\cot(A+\mu)+\cot(A-\mu)]d\Omega_e \end{aligned} \tag{5.74}$$

根据误差传播定律可得：

$$m_{\alpha-e}=\frac{1}{2\Omega_e}[\cot(A+\mu)+\cot(A-\mu)]m_e \tag{5.75}$$

式中，m_e 为地球自转角速度 Ω_e 的中误差。

地球自转角速度 Ω_e 采用 WGS84 椭球自转角速度，即国际大地测量和地球物理联合会(IUGG)第 17 届大会的推荐值，$\Omega_e=7\,292\,115\times10^{-11}$ rad/s，$m_e=0.15\times10^{-11}$ rad/s。μ 可能的取值范围为$-5°\sim+5°$，考虑到式(5.75)中 $m_{\alpha-e}$ 为 μ 的偶函数，故 μ 取 $0°\sim5°$。于是在 μ 取 $0°\sim5°$、真方位角 A 取 $75°\sim105°$情况下，地球自转角速度误差对定向精度的影响如图 5.12 所示(等值线单位：″)。

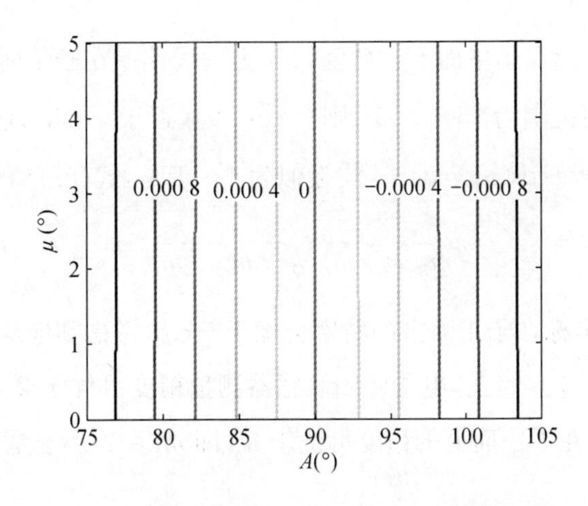

图 5.12　地球自转角速度误差对定向精度

从图 5.12 可见，地球自转角速度误差对定向精度的影响几乎与 μ 的取值无关，与真方位角 A 关联较大。当 $A=90°$时，地球自转角速度误差对定向没有影响，当 A 偏离 90°

时,地球自转角速度误差对定向精度的影响呈线性增大,但即使不利情况下,这种影响也小于 0.001 4″。

因此,地球自转角速度误差对定向精度的影响可忽略不计。

5.5.2 虚拟测站精度对定向精度的影响

1) 虚拟测站精度

由式(5.19)、式(5.42)可得

$$\begin{aligned} B_P &= B_Q + \Delta B = B_Q + \tau_N + \xi_Q \\ &= B_Q + \arcsin(\sin\tau_x \cos A + \sin\tau_y \sin A) + \xi_Q \end{aligned} \tag{5.76}$$

上式两边微分可得

$$\begin{aligned} \mathrm{d}B_P &= \mathrm{d}B_Q + \mathrm{d}\tau_N + \mathrm{d}\xi_Q \\ &= \mathrm{d}B_Q + \frac{\cos A \cos\tau_x \mathrm{d}\tau_x + \sin A \cos\tau_y \mathrm{d}\tau_y}{\sqrt{1-\sin^2\tau_N}} + \mathrm{d}\xi_Q \\ &= \mathrm{d}B_Q + \frac{\cos A \cos\tau_x \mathrm{d}\tau_x + \sin A \cos\tau_y \mathrm{d}\tau_y}{\cos\tau_N} + \mathrm{d}\xi_Q \end{aligned} \tag{5.77}$$

设全站仪微倾敏感器测量值精度 $m_{\tau x} = m_{\tau y} = m_\tau$,根据误差传播定律可得

$$m_B = \sqrt{m_{B-Q}^2 + \frac{\cos^2 A \cos^2\tau_x + \sin^2 A \cos^2\tau_y}{\cos^2\tau_N} m_\tau^2 + m_\xi^2} \tag{5.78}$$

式中,m_{B-Q} 为测站坐标在子午面上的精度,m_ξ 为垂线偏差在子午面上的精度。

考虑到 A 的取值范围为 75°~105°,则有 $\cos^2 A$ 接近于 0, $\sin^2 A$ 接近于 1;考虑到 τ_x、τ_y 为极小角,则 $\cos^2\tau_x$、$\cos^2\tau_y$、$\cos^2\tau_N$ 均近似为 1。于是,式(5.78)可近似为

$$m_B \approx \sqrt{m_{B-Q}^2 + m_\tau^2 + m_\xi^2} \tag{5.79}$$

一般来说,测站坐标在子午面上的精度会优于 5 cm,考虑到地球半径约为 6 371 km,即可得 $m_{B-Q} = 0.001\,6''$。目前,电子微倾敏感器测量精度可优于 2″,故取 $m_\tau = 2''$。测量或计算出的垂线偏差在子午面上的精度可优于 2″,即 $m_\xi = 2''$。于是可得

$$m_B = \sqrt{0.001\,6^2 + 2^2 + 2^2} \approx 3'' \tag{5.80}$$

2) 虚拟测站精度对定向的影响

将式(5.49)对 B_P 偏微分可得

$$\mathrm{d}\alpha_B = -\frac{1}{2}\left(\frac{1}{\sqrt{1-\left(\frac{\Omega_1-\Omega_2}{2\Omega_e\cos B_P}\right)^2}}\frac{\Omega_1-\Omega_2}{2\Omega_e\cos B_P}+\frac{1}{\sqrt{1-\left(\frac{\Omega_3-\Omega_4}{2\Omega_e\cos B_P}\right)^2}}\frac{\Omega_3-\Omega_4}{2\Omega_e\cos B_P}\right)\tan B_P\mathrm{d}B_P \tag{5.81}$$

根据式(5.72)、式(5.73)，则式(5.81)可写成

$$\mathrm{d}\alpha_B = -\frac{1}{2}[\cot(A+\mu)+\cot(A-\mu)]\tan B_P\mathrm{d}B_P \tag{5.82}$$

根据误差传播定律可得

$$m_{\alpha-B} = \frac{1}{2}[\cot(A+\mu)+\cot(A-\mu)]\tan B_P m_B \tag{5.83}$$

由式(5.83)可见，$m_{\alpha-B}$ 是 B_P、m_B 的增函数，是 μ 的偶函数。

首先讨论当 m_B 确定情况下，$m_{\alpha-B}$ 受 A、μ、B_P 的影响规律。取 $B_P=55°$、$m_B=3''$，利用式(5.83)可得结果如图 5.13(a)所示(等值线单位:″)。

由图 5.13(a)可见，$m_{\alpha-B}$ 与 μ 的大小几乎无关，受真方位角 A 影响较明显，随真方位角 A 远离 90°而增大。

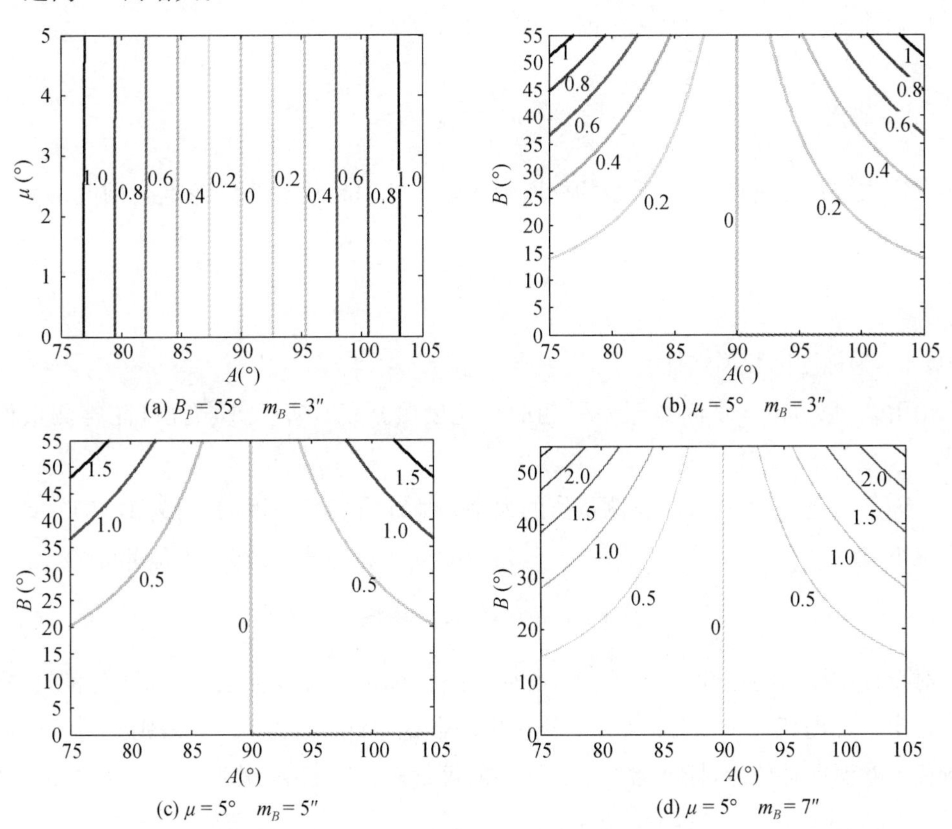

图 5.13　测站精度对定向精度的影响

下面讨论 $\mu=5°$时，$m_{\alpha-B}$ 受A、B_P 的影响规律。m_B 分别取 3″、5″、7″时，得到 $m_{\alpha-B}$ 的等值线如图 5.13(b)(c)(d)(等值线单位:″)。

由图 5.13(b)～(d)可见，$m_{\alpha-B}$ 受 B_P、A 的影响显著。在低纬度测区，m_B 的大小对定向的影响较小，随着测区纬度的增加，定向精度受 m_B 的大小影响愈加显著。

如果采用的垂线偏差在子午面分量的精度达到 2″，根据式(5.80)可知 $m_B=3''$，在测站纬度低于 55°测区，由 m_B 带来的定向精度可控制在 1″以内；如果采用的垂线偏差在子午面分量的精度达到 4.5″，则在测站纬度低于 55°测区，由 m_B 带来的定向精度可控制在 1.8″以内；如果垂线偏差在子午面分量的精度达到 6″，则在测站纬度低于 55°测区，由 m_B 带来的定向精度可控制在 2.5″以内。

5.5.3 光纤陀螺测量精度的影响

由第四章的光纤陀螺误差分析可知，光纤陀螺测量值的主要误差包括标度因数误差、零偏和随机误差三项。其中，零偏属于系统误差，通过四位置观测，可完全消除。经过分段局部标定、温度补偿后，标度因数的系统误差也基本消除，残余的标度因数误差和陀螺随机误差具有偶然误差特征，需按照偶然误差进行讨论。

1) 标度因数误差对定向的影响

根据式(4.33)，标度因数误差对光纤陀螺测量值的影响为

$$\Delta\Omega_K=\frac{\Delta K}{K}\Omega \tag{5.84}$$

利用误差传播定律，可得残余的标度因数随机相对精度对光纤陀螺测量值精度的影响为

$$m_{\Omega_K}=\Omega\cdot m_K \tag{5.85}$$

式中，m_K 为标度因数稳定性。

由上式可见，由标度因数误差引起的角速度测量值误差大小与光纤陀螺测量值成正比。

下面估计定向时，光纤陀螺测量值的大小。地球自转角速度 Ω_e 约为 15.04°/h，在不利情况下，取 $B_P=0°$、$A=75°$、$\mu=-5°$、$\nu=600''$。参照式(5.15)，于是可得

$$\Omega=\Omega_e\cdot\cos 70°\cdot\cos 600''\approx 3.8\ °/\mathrm{h} \tag{5.86}$$

对于标度因数稳定性 m_K，经过分段局部进行标定并温度补偿后，有研究表明，标度因数稳定性可提高 5～10 倍。如果标称标度因数稳定性 m_K 为 50 ppm，则经过分段局部进行标定并温度补偿后，标度因数稳定性一般可优于 10 ppm。若取 $m_K=10$ ppm，$\Omega=3.8°/\mathrm{h}$，利用式(5.85)，可得

$$m_{\Omega_K} = 3.8°/\mathrm{h} \times 10\ \mathrm{ppm} = 0.000\ 038°/\mathrm{h} \tag{5.87}$$

标称标度因数稳定性为 50 ppm 的光纤陀螺，其零偏稳定性一般不会优于 0.05°/h。因此，由标度因数误差引起的角速度测量精度 m_{Ω_K} 远远小于其零偏稳定性 m_F。一般来说，零偏稳定性越小，其标度因数稳定性越小，这个规律在表 4.1 的霍尼韦尔公司的产品中可以体现。

因此，标度因数误差引起的角速度测量精度 m_{Ω_K} 在定向中可以忽略不计。

2）零偏稳定性对定向的影响

光纤陀螺观测量随机误差的技术指标主要由零偏稳定性来表示。由式(5.49)对光纤陀螺观测量偏微分可得

$$\mathrm{d}\alpha_\Omega = -\frac{1}{2}\left[\frac{1}{\sqrt{1-\left(\frac{\Omega_1-\Omega_2}{2\Omega_e\cos B_P}\right)^2}}\frac{\mathrm{d}\Omega_1-\mathrm{d}\Omega_2}{2\Omega_e\cos B_P}+\frac{1}{\sqrt{1-\left(\frac{\Omega_3-\Omega_4}{2\Omega_e\cos B_P}\right)^2}}\frac{\mathrm{d}\Omega_3-\mathrm{d}\Omega_4}{2\Omega_e\cos B_P}\right] \tag{5.88}$$

根据式(5.72)、式(5.73)，则式(5.88)可写成

$$\mathrm{d}\alpha_\Omega = -\frac{1}{4\Omega_e\cos B_P}\left[\frac{\mathrm{d}\Omega_1-\mathrm{d}\Omega_2}{\sin(A+\mu)}+\frac{\mathrm{d}\Omega_3-\mathrm{d}\Omega_4}{\sin(A-\mu)}\right] \tag{5.89}$$

根据误差传播定律，可得

$$m_{\alpha-\Omega} = \frac{1}{4\Omega_e\cos B_P}\left[\sqrt{\frac{m_{\Omega_1}^2+m_{\Omega_2}^2}{\sin^2(A+\mu)}+\frac{m_{\Omega_3}^2+m_{\Omega_4}^2}{\sin^2(A-\mu)}}\right] \tag{5.90}$$

根据《光纤陀螺仪测试规范》，光纤陀螺仪的零偏稳定性 m_F 通常是指 10 s 的光纤陀螺静态测量值平均值的标准差。设四个位置的数据采集时间 $t_1=t_2=t_3=t_4=t$ 秒钟。由于光纤陀螺输出值粗差出现比例极小，故删除粗差后的输出值个数依然按照 t 秒钟的输出值个数对待。于是有

$$m_{\Omega_1}^2 = m_{\Omega_2}^2 = m_{\Omega_3}^2 = m_{\Omega_4}^2 = \frac{m_F^2}{\left(\frac{t}{10}\right)} \tag{5.91}$$

将式(5.91)代入式(5.90)，可得

$$m_{\alpha-\Omega} = \frac{\sqrt{1.25}\cdot m_F}{\sqrt{t}\,\Omega_e\cos B_P}\sqrt{\frac{1}{\sin^2(A+\mu)}+\frac{1}{\sin^2(A-\mu)}} \tag{5.92}$$

式(5.92)中，$m_{\alpha-\Omega}$ 是 B_P 的单调递增函数，是 μ 的偶函数，是 m_F 的单调递增线性函

数；Ω_e =15.041 066 876 065 45°/h。

首先讨论 $m_{\alpha-\Omega}$ 随A、μ变化的取值情况。取 t =300 s、B_P =32°、m_F =0.03°/h、α 取 75°～105°、μ 取 0°～5°时，$m_{\alpha-\Omega}$ 的等值线如图 5.14(a)。由图 5.14(a)可见，$m_{\alpha-\Omega}$ 受μ 的影响不大，受 A 影响较为明显且以 A =90°为轴呈对称分布。

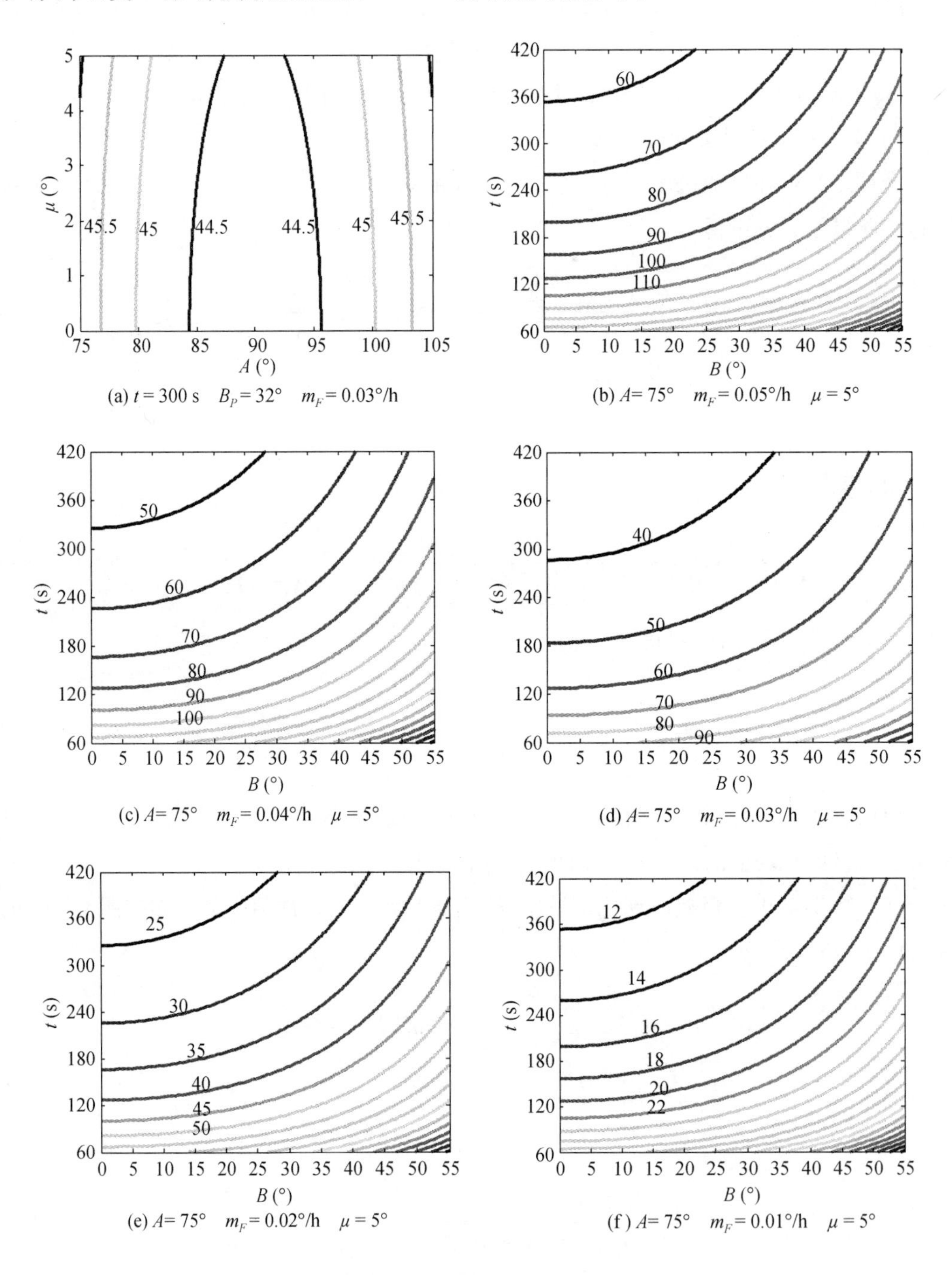

图 5.14 零偏稳定性对定向精度的影响(单位:″)

于是，顾及到不利情况下，取 $A=75°$、$\mu=5°$，讨论 $m_{\alpha-\Omega}$ 随 t、B_P 变化的取值情况。对于 $m_F=0.05°/h$、$m_F=0.04°/h$、$m_F=0.03°/h$、$m_F=0.02°/h$、$m_F=0.01°/h$ 等五个等级光纤陀螺，$m_{\alpha-\Omega}$ 的等值线分别如图 5.14(b)～(f)所示(等值线单位：″)。

由图 5.14(b)～(f)可见，在 m_F 一定的情况下，$m_{\alpha-\Omega}$ 随单个位置观测时间 t 的增加而减小，随测站纬度 B_P 的增大而增大。在单个位置观测时间 t 从 60 s 增加到 180 s 时，定向精度提高显著，但单个位置观测时间 t 超过 180 s 后，定向精度随 t 增加而提高的程度迅速减弱。在测站纬度 B_P 低于 35°时，定向精度受 B_P 的影响不显著，但当 B_P 超过 35°继续增加时，定向精度受 B_P 的影响也在显著降低。

通过对比图 5.14(b)～(f)可见，随着光纤陀螺零偏稳定性的提高，定向精度也在显著提高。根据测量工作内容对定向精度的要求，可以通过图 5.14(b)～(f)合理确定所需光纤陀螺等级及定向时间。

5.6　定向精确度

5.6.1　验前定向精确度

在前面，分别对系统误差和偶然误差对定向的影响进行了分析。通过分析可见，光纤陀螺测量系统误差、安装误差以及全站仪轴系误差对定向的影响很小，可忽略不计。定向主要受虚拟测站纬度精度(主要由垂线偏差引起)和光纤陀螺零偏稳定性的影响较大，其中又以光纤陀螺零偏稳定性的影响最为显著。

由于虚拟测站纬度精度和光纤陀螺零偏稳定性在定向前具有理论值，根据 5.5 节讨论，可得 $m_{\alpha-B}$、$m_{\alpha-\Omega}$ 理论值，因此可得定向验前精度

$$m_\alpha=\sqrt{m_{\alpha-B}^2+m_{\alpha-\Omega}^2} \tag{5.93}$$

由于 $m_{\alpha-B}$ 相对 $m_{\alpha-\Omega}$ 来说小很多，于是

$$m_\alpha\approx m_{\alpha-\Omega} \tag{5.94}$$

5.6.2　验后定向精确度

在 5.2 节的光纤陀螺输出值预处理过程中，已得到四个观测位置的光纤陀螺角速度观测值平均值的实测精度 $\overline{m}_{\Omega_1}$、$\overline{m}_{\Omega_2}$、$\overline{m}_{\Omega_3}$、$\overline{m}_{\Omega_4}$。根据式(5.88)可得

$$\overline{m}_{\alpha-\Omega}=\frac{1}{2}\left(\frac{1}{\sqrt{1-\left(\dfrac{\Omega_1-\Omega_2}{2\Omega_e\cos B_P}\right)^2}}\frac{\sqrt{\overline{m}_{\Omega_1}^2+\overline{m}_{\Omega_2}^2}}{2\Omega_e\cos B_P}+\frac{1}{\sqrt{1-\left(\dfrac{\Omega_3-\Omega_4}{2\Omega_e\cos B_P}\right)^2}}\frac{\sqrt{\overline{m}_{\Omega_3}^2+\overline{m}_{\Omega_4}^2}}{2\Omega_e\cos B_P}\right)$$

$$= \frac{1}{2}\left(\frac{\sqrt{\overline{m}_{\Omega_1}^2 + \overline{m}_{\Omega_2}^2}}{\sqrt{(2\Omega_e \cos B_P)^2 - (\Omega_1 - \Omega_2)^2}} + \frac{\sqrt{\overline{m}_{\Omega_3}^2 + \overline{m}_{\Omega_4}^2}}{\sqrt{(2\Omega_e \cos B_P)^2 - (\Omega_3 - \Omega_4)^2}}\right) \tag{5.95}$$

参考式(5.93)可得定向结果验后精确度估计量

$$\overline{m}_\alpha = \sqrt{m_{\alpha-B}^2 + \overline{m}_{\alpha-\Omega}^2} \tag{5.96}$$

当 $m_{\alpha-B}$ 相对 $\overline{m}_{\alpha-\Omega}$ 小很多(至少 10 倍)时,可得

$$\overline{m}_\alpha \approx \overline{m}_{\alpha-\Omega} \tag{5.97}$$

由式(5.94)、式(5.97)可见,定向精度的高低取决于光纤陀螺零偏稳定性的大小。虽然目前中国市场上零偏稳定性高于 0.05°/h,且体积小、重量轻的光纤陀螺产品还较少,相信随着光电技术的提高,光纤陀螺的零偏稳定性在不断改善,体积在不断减小,精度高、体积小、重量轻的光纤陀螺产品将越来越丰富,这为即插即用式光纤陀螺全站仪组合提供了很大的发展空间。

第六章　常参数出厂标定方法

6.1　常参数及标定条件

在满足光纤陀螺敏感轴应尽量垂直于全站仪横轴、光纤陀螺可随望远镜自由做 180° 竖直方向转动的前提下，为了使即插即用式光纤陀螺全站仪组合方法在实现上尽可能的简单，除了要求锁紧装置不易变形、重量轻、锁紧效果好外，对锁紧装置的制作形状、尺寸并没有做特别要求。这将导致每一个即插即用式光纤陀螺全站仪组合装置的光纤陀螺敏感轴与全站仪视准轴间的夹角各不相同。

使用即插即用式光纤陀螺全站仪组合定向时，需分别完成东向位置、西向位置、东向补偿位置以及西向补偿位置等四个位置光纤陀螺测量。其中东向位置的光纤陀螺敏感轴指向决定了最后定向结果。

在东向位置观测时，即插即用式光纤陀螺全站仪组合的光纤陀螺敏感轴 QF 与全站仪水平度盘面上垂直于全站仪横轴的方向 QH 间存在夹角 κ。夹角 κ 在全站仪水平度盘面的投影分量为 μ，在竖直度盘面上的投影为 ν。为了计算方便，在方位角计算公式中，将 ν 近似为零，ν 越小，这种近似对定向的影响越小。于是希望标定出 $\nu=0$ 时，全站仪竖直度盘读数 θ_V 的值，θ_V 的值即为仪器常参数。

于是，东向位置的实际操作过程是：水平转动全站仪照准部，使全站仪横轴尽量指向南北（也即全站仪视准轴在水平面投影概略指向东向），并水平制动；转动全站仪望远镜，在全站仪竖盘读数为 θ_V 位置竖直制动；待光纤陀螺测量数据输出平稳后，静态重复测量 t_1 秒钟，取得平均值 Ω_1。由于标定误差以及连接装置的变形，即使将全站仪竖直度盘置于读数 θ_V 位置，ν 也不一定等于零。但幸运的是，此时 ν 很小，其对定向影响极小，可忽略不计。

在仪器出厂前或锁紧装置做了维修后，需标定出常参数 θ_V。常参数 θ_V 标定需在水平转台上进行。水平转台需具有如下功能：

（1）具有托盘，能牢固托起并固定住即插即用式光纤陀螺全站仪组合装置；

（2）具有稳定的旋转系统，转台旋转时旋转轴相对于转台、转台相对于地面稳定；

(3) 转台旋转角速度较为稳定，不忽快忽慢。

目前市场上可满足上述要求的水平转台产品较为丰富，有单轴、双轴、三轴等三种类型，旋转角速率一般为±0.001～±600°/s(±3.6～±2 160 000°/h)，角速率相对精度一般为 50～100 ppm。

6.2 标定方法及解算

如图 6.1 所示，将即插即用式光纤陀螺全站仪组合装置通过连接螺旋安置到水平转台上，并整平全站仪；通过全站仪望远镜转动将光纤陀螺敏感轴尽量放水平，此时全站仪竖盘读数为 θ_V'。连接数据采集器，陀螺加电，静态时，光纤陀螺输出的角速度为：

$$\Omega_0 = \Omega + \Delta\Omega = \Omega_e \cos B \cos A \cos \nu + \Omega_e \sin B \sin \nu + \Delta\Omega \tag{6.1}$$

式中，$\Delta\Omega$ 为光纤陀螺零偏，Ω_e 为地球自转角速度，B 为试验点纬度，A 为光纤陀螺敏感轴的真方位角，ν 为光纤陀螺敏感轴与水平面之间的夹角。

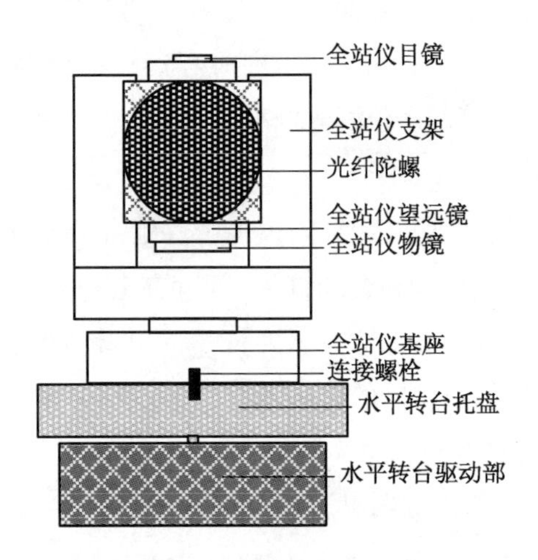

图 6.1　标定安装示意图

6.2.1 转台顺时针旋转

先使水平转台以角速度 Ω_c 顺时针匀速带动全站仪旋转。设定水平转台每旋转一周，采集器均匀采集光纤陀螺输出值 2 n_c 次，则任一次采集的光纤陀螺测量值应为

$$\Omega_{i0} = \Omega_i + \Delta\Omega = \Omega_e \cos B \cos A_i \cos \nu + (\Omega_e \sin B - \Omega_c) \sin \nu + \Delta\Omega \tag{6.2}$$

顺时针旋转时，Ω_c 的符号，在北半球为负号，在南半球为正号。

同理可得度盘对称位置上光纤陀螺测量值

$$\begin{aligned}\Omega_{(n_c+i)0} &= \Omega_{n_c+i} + \Delta\Omega \\ &= \Omega_e \cos B \cos(A_i + 180)\cos\nu + (\Omega_e \sin B - \Omega_c)\sin\nu + \Delta\Omega \\ &= -\Omega_e \cos B \cos A_i \cos\nu + (\Omega_e \sin B - \Omega_c)\sin\nu + \Delta\Omega\end{aligned} \tag{6.3}$$

式(6.2)、式(6.3)相加可得

$$\Omega_{(n_c+i)0} + \Omega_{i0} = 2(\Omega_e \sin B - \Omega_c)\sin\nu + 2\Delta\Omega \tag{6.4}$$

顺时针旋转一周,可得

$$\sum_{i=1}^{2n_c} \Omega_i = 2n_c(\Omega_e \sin B - \Omega_c)\sin\nu + 2n_c\Delta\Omega \tag{6.5}$$

顺时针旋转 m_c 周,所有光纤陀螺测量值取平均,可得

$$\Omega_P = \frac{\sum_{i=1}^{2n_c \cdot m_c} \Omega_i}{2n_c \cdot m_c} = (\Omega_e \sin B - \Omega_c)\sin\nu + \Delta\Omega \tag{6.6}$$

6.2.2　转台逆时针旋转

顺时针旋转结束后,先使水平转台暂停一段时间后,再使水平转台以角速度 Ω_a 逆时针匀速带动全站仪旋转。设定水平转台每旋转一周,采集器均匀采集光纤陀螺输出值 $2n_a$ 次,则任一次采集的光纤陀螺测量值应为

$$\Omega_{i0} = \Omega_i + \Delta\Omega = \Omega_e \cos B \cos A_i \cos\nu + (\Omega_e \sin B + \Omega_a)\sin\nu + \Delta\Omega \tag{6.7}$$

并有度盘对称位置上光纤陀螺测量值

$$\begin{aligned}\Omega_{(n_a+i)0} &= \Omega_{n_a+i} + \Delta\Omega \\ &= \Omega_e \cos B \cos(A_i + 180)\cos\nu + (\Omega_e \sin B + \Omega_a)\sin\nu + \Delta\Omega \\ &= -\Omega_e \cos B \cos A_i \cos\nu + (\Omega_e \sin B + \Omega_a)\sin\nu + \Delta\Omega\end{aligned} \tag{6.8}$$

式(6.7)、式(6.8)相加可得

$$\Omega_{(n_a+i)0} + \Omega_{i0} = 2(\Omega_e \sin B + \Omega_a)\sin\nu + 2\Delta\Omega \tag{6.9}$$

逆时针旋转一周,可得

$$\sum_{i=1}^{2n_a} \Omega_i = 2n_a(\Omega_e \sin B + \Omega_a)\sin\nu + 2n_a\Delta\Omega \tag{6.10}$$

逆时针旋转 m_a 周,所有光纤陀螺测量值取平均,可得

$$\Omega_N = \frac{\sum_{i=1}^{2n_a \cdot m_a} \Omega_i}{2n_a \cdot m_a} = (\Omega_e \sin B + \Omega_a) \sin \nu + \Delta\Omega \tag{6.11}$$

6.2.3 常参数计算

式(6.11)减去式(6.6)可得

$$\begin{aligned} \Omega_N - \Omega_P &= (\Omega_e \sin B + \Omega_a) \sin \nu + \Delta\Omega - [(\Omega_e \sin B - \Omega_c) \sin \nu + \Delta\Omega] \\ &= (\Omega_a + \Omega_c) \sin \nu \end{aligned} \tag{6.12}$$

即有

$$\nu = \arcsin \frac{\Omega_N - \Omega_P}{\Omega_a + \Omega_c} \tag{6.13}$$

根据全站仪竖盘的刻画规律，进一步可得

$$\theta_V = \theta'_V + \nu \tag{6.14}$$

从上式可以看出，该标定方法消除了光纤陀螺零偏的影响，光纤陀螺敏感轴与水平面间夹角 ν 的确定取决于光纤陀螺测量值、采样次数、水平转台旋转角速度，与标定工作所在的位置无关。

利用上述方法即可以测得光纤陀螺敏感轴水平时，全站仪竖盘读数 θ_V。上述参数标定过程可用图 6.2 表示。

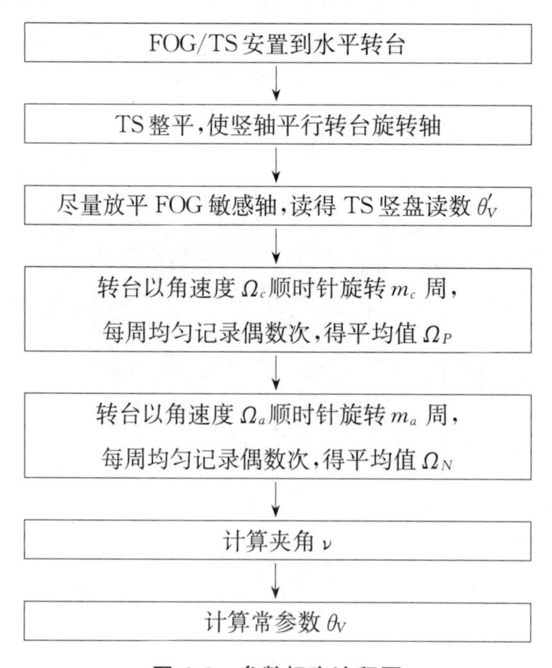

图 6.2 参数标定流程图

6.3　标定误差

由式(6.14)可知，常参数 θ_V 的精度取决于夹角 ν 的标定精度。

夹角 ν 的标定误差来源于光纤陀螺的测量值误差，以及水平转台旋转角速度误差。下面讨论夹角 ν 的标定精度情况。

对式(6.13)两边进行微分可得

$$\begin{aligned} d\nu &= \frac{1}{\sqrt{1-\left(\frac{\Omega_N-\Omega_P}{\Omega_a+\Omega_c}\right)^2}}\left[\frac{d\Omega_N-d\Omega_P}{\Omega_a+\Omega_c}-\frac{(\Omega_N-\Omega_P)(d\Omega_a+d\Omega_c)}{(\Omega_a+\Omega_c)^2}\right] \\ &= \frac{1}{\sqrt{1-\sin^2\nu}}\left[\frac{d\Omega_N-d\Omega_P}{\Omega_a+\Omega_c}-\frac{\sin\nu(d\Omega_a+d\Omega_c)}{(\Omega_a+\Omega_c)}\right] \\ &= \frac{d\Omega_N-d\Omega_N}{\cos\nu\cdot(\Omega_a+\Omega_c)}-\frac{\sin\nu(d\Omega_a+d\Omega_c)}{\cos\nu\cdot(\Omega_a+\Omega_c)} \end{aligned} \tag{6.15}$$

根据误差传播定律可得，ν 的标定精度

$$m_\nu=\sqrt{\frac{m_{\Omega_N}^2+m_{\Omega_P}^2+\sin^2\nu(m_{\Omega_a}^2+m_{\Omega_c}^2)}{\cos^2\nu\cdot(\Omega_a+\Omega_c)^2}} \tag{6.16}$$

设光纤陀螺单个观测值的中误差为 m_d，且为等精度观测，并设 $n_c\cdot m_c=n_a\cdot m_a=n\cdot m$。根据式(6.6)、式(6.11)可得

$$m_{\Omega_N}=m_{\Omega_P}=\frac{m_d}{\sqrt{2n\cdot m}} \tag{6.17}$$

光纤陀螺零偏稳定性 m_F 一般是指 10 s 测量值的平均值精度，设光纤陀螺仪的输出频率为 100 Hz，则有

$$m_{\Omega_N}=m_{\Omega_P}=\frac{\sqrt{1\,000}m_F}{\sqrt{2n\cdot m}} \tag{6.18}$$

设 $\Omega_a=\Omega_c$，由式(6.16)可得中误差

$$\begin{aligned} m_\nu &= \frac{1}{2\cos\nu}\sqrt{\frac{(m_{\Omega_N}^2+m_{\Omega_P}^2)}{\Omega_c^2}+\frac{\sin^2\nu(m_{\Omega_a}^2+m_{\Omega_c}^2)}{\Omega_c^2}} \\ &= \frac{1}{2\cos\nu}\sqrt{\frac{1\,000m_F^2}{n\cdot m\cdot\Omega_c^2}+2\sin^2\nu\left(\frac{m_{\Omega_c}}{\Omega_c}\right)^2} \end{aligned} \tag{6.19}$$

分析式(6.19)可以看出，m_ν 是 ν、$\frac{m_{\Omega_c}}{\Omega_c}$、$m_F$ 的递增函数，是单向旋转数据采集次数 $2n\cdot m$、转台旋转角速度 Ω_c 的递减函数。下面讨论 Ω_c、m_F、$2n\cdot m$、ν 的变化对 m_ν 的影响规律。

先讨论单向旋转数据采集次数 $2n\cdot m$ 对交角 ν 标定精度的影响。取 $\nu=10°$、$\frac{m_{\Omega_c}}{\Omega_c}=$ 100 ppm、$m_F=0.05°/h$，在水平转台旋转角速度 Ω_c 分别为 10°/s、30°/s、120°/s 时，交角 ν 的标定精度随数据采集数量增加而变化情况如图 6.3 所示。

由图 6.3 可见，ν 的标定精度随数据采集次数增加而提高，但当单向旋转数据采集次数超过 20 时，标定精度提高已很不明显。顾及到光纤陀螺数据输出频率可达 100 Hz 以上，因此，标定 ν 所需要的时间非常短。

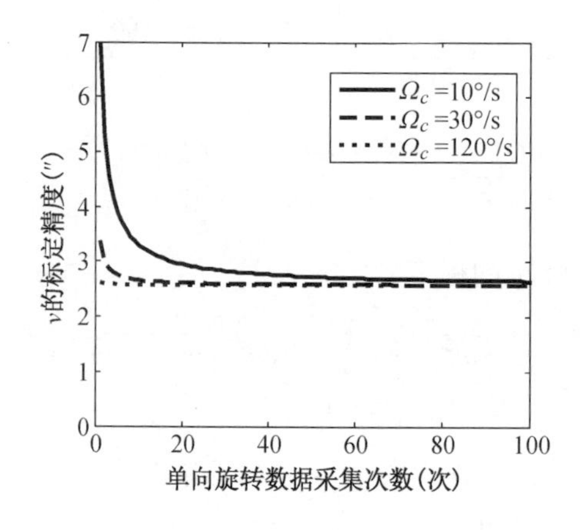

图 6.3 数据采集量对标定精度的影响

再讨论 ν 的标定精度受水平转台旋转角速度相对精度的影响情况。取 $\nu=10°$、单向旋转数据采集次数 $2n\cdot m=100$、$m_F=0.05°/h$，在水平转台旋转角速度 Ω_c 分别为 10°/s、30°/s、120°/s 时，交角 ν 的标定精度随水平转台旋转角速度相对精度降低而呈近似线性降低，如图 6.4 所示。

由图 6.4 可见，转台旋转角速度相对精度对标定精度影响较大；在转台转速相对精度相同情况下，转台在 10°/s、30°/s、120°/s 等三种旋转角速度下的标定精度基本相近。

最后讨论 ν 的标定精度受水平转台旋转角速度相对精度和 ν 初始值的综合影响情况。取单向旋转数据采集次数 $2n\cdot m=100$、$m_F=0.05°/h$、转台旋转角速度 $\Omega_c=30°/s$，在交角 ν 和水平转台旋转角速度相对精度变化情况下，得到相应的标定精度等值曲线(单位:″)如图 6.5 所示。

由图 6.5 可见，转台转速相对精度和 ν 值对标定精度影响均比较显著。当所用转台转速相对精度较差(如达到 1 000 ppm)时，可采用两次标定法，实现对 ν 的高精度标定。

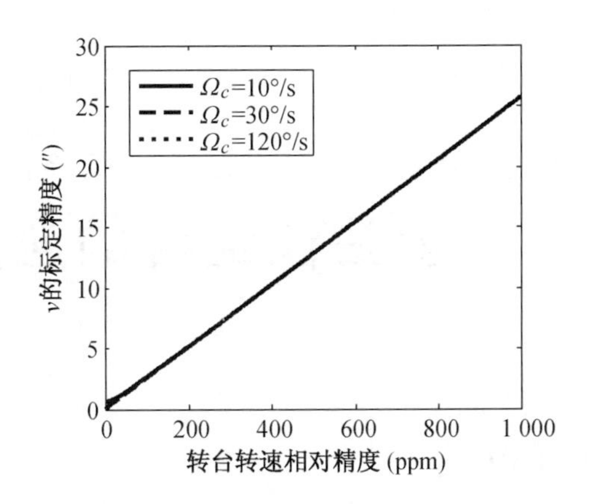

图 6.4　转台转速相对精度对标定精度的影响

具体做法是：先进行第一次标定，可使标定精度达到 30″以内，然后根据式(6.14)更新 θ_V'。此时 ν 值仅为几十个角秒。然后，再做第二次标定。根据图 6.5 可知，第二次标定交角 ν 的标定精度一样可达到 5″以内。

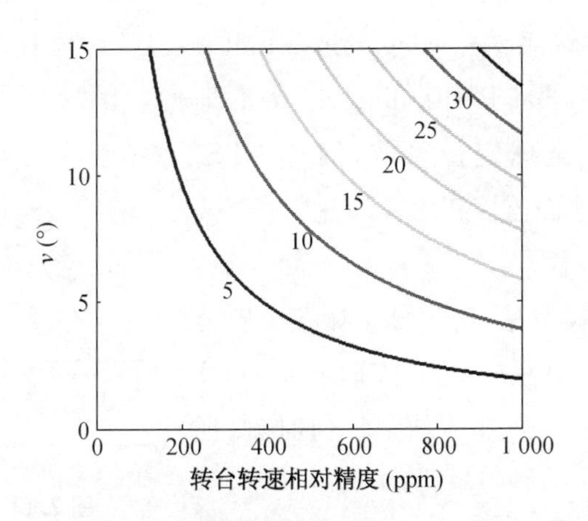

图 6.5　转台转速相对精度和 ν 值对标定精度的影响

事实上，目前市场上大多数水平转台的旋转角速度相对精度要远优于 1 000 ppm，经水平转台标定后，交角 ν 一般仅为几个角秒，顾及到连接装置的变形问题，使用即插即用式光纤陀螺全站仪组合时，交角 ν 一般不会超过 100″。由图 5.8 可知，ν＝100″时对定向精度影响不到 0.05″。因此，一般的水平转台就可以使交角 ν 标定到满足定向需要的精度。

第七章　即插即用式光纤陀螺全站仪组合的应用方法

7.1　GPS 控制点布设

7.1.1　GPS 概述

1) GPS 组成

1973 年，美国国防部组织海陆空三军，共同研究建立了新一代卫星导航系统：Navigation Satellite Timing and Ranging/Global Positioning System，即导航卫星测时和测距/全球定位系统，简称 GPS。GPS 由空间卫星星座、地面监控和用户设备等三部分组成，如图 7.1 所示。

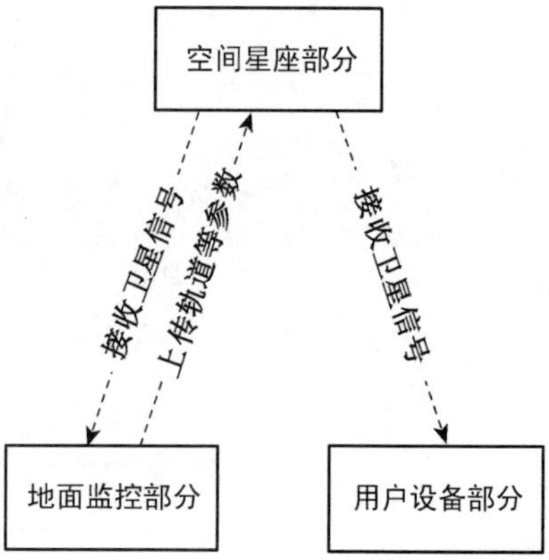

空间部分包括 24 颗卫星，均匀分布在 6 个轨道面，每个轨道面 4 颗。卫星运行一周时长约 11 h 58 min。这样布设的效果是：在地球上任何时刻、任何地点可同时观测到4～11颗卫星。

图 7.1　GPS 组成原理图

每颗卫星都在连续不断地向地面发送信号，信号包括测距码、导航电文和载波三部分内容。测距码可测得信号从卫星到接收机的传播时间，进而得到星地距离观测量；导航电文可以计算出给定时刻的卫星坐标及卫星时钟改正数；载波将低频的导航电文和测距码从卫星运载到地面。

地面监控部分包括一个主控站、三个注入站和五个监测站。监测站的任务是接收卫星数据，采集气象信息，并将所收集到的数据传送给主控站；主控站的任务是收集各监测站的数据，编制导航电文，提供全球定位系统的时间基准，发送控制指令调整卫星，监控 GPS 的控制部分，监控卫星状态以及卫星维护与异常情况的处理；注入站的任务是将主控站发送过来的导航电文及指令注入 GPS 卫星的存储器。

用户设备部分最主要的是 GPS 接收机。GPS 接收机的主要功能是：能迅速捕获按一定卫星截止高度角所选择的卫星信号，并跟踪这些卫星的运行，对所接收到的卫星信号进行变换、放大和处理，以便测定出 GPS 信号从卫星到接收天线的传播时间，解译出 GPS 卫星所发送的导航电文，实时地计算出测站的三维坐标、三维速度和时间等。

2）GPS 测量原理

GPS 利用导航电文算得给定时刻卫星的坐标，利用测距码测得卫星至用户接收机之间的距离，也即伪距，以空间距离后方交会的原理实现实时定位。利用测距码只要同时观测到 4 颗及以上卫星即可实现实时定位，这种定位方式称作伪距单点定位。

利用测距码进行定位虽然简单易行，但测距码测得卫星至接收机的距离精度较低，使得其难以满足测绘工作的精度要求。由于用于运载测距码和导航电文的载波具有较短的波长，现有的技术能较精确地测得接收机接收到的载波相位位置，进而得到的星地距离精度也较高，于是利用载波实现定位的技术得到迅速发展和应用。

卫星和接收机在各自时钟的控制下，同步产生载波。但是由于卫星和接收机的时钟都有误差，使得卫星产生的载波与接收机产生的载波不同步，导致接收机所测得的载波相位差包含有卫星钟差和接收机钟差的影响部分。同时，载波从太空传输到地面过程中受到大气电离层和对流层影响，这使得载波传播速度不再是真空光速，由于这种影响的复杂性，真实的传播速度是很难确定的。因此，在获取 GPS 载波观测量时依然采用真空光速，这也使得 GPS 载波观测量受到电离层和对流层的影响。

如果两个测站同步观测同一颗卫星，两测站观测量所受卫星钟误差、电离层误差和对流层误差的影响相同或相近。如果一个测站接收机同步观测两颗卫星，则对两卫星观测量所受接收机钟误差影响相同。于是，为了消除这些误差对测量结果的影响，通常采用在两个测站同步观测相同卫星，将观测量进行线性组合，进而得到更为精确的测量结果，这种方法称作载波相对定位。载波相对定位能得到精确的点间相对坐标增量，也称基线向量。

7.1.2　GPS 控制测量

应用 GPS 卫星定位技术开展的控制测量叫做 GPS 控制测量，其控制点叫 GPS 控制点，GPS 控制测量具体实施有网观测模式和点观测模式两种。

1）网观测模式

GPS 控制网的测量原理类同于水准网的测量原理。如图 7.2 所示，为了获得图中各水准点的高程，首先将水准点连成网状，然后利用水准仪测得网中各路线的高差，最后通过平差获得各点的高程。

如果将图 7.2 的水准点换成 GPS 控制点，则水准网变成了 GPS 控制网，如图 7.3 所示。利用两台或以上的 GPS 接收机分别安置在控制网相邻点上，进行载波相对测量，可获得网中各边基线向量，形成基线向量网，最后通过平差获得各点的三维坐标。这种由 GPS 载波相对定位获得的基线构成的基线向量网，称为 GPS 控制网。采用 GPS 控制网来获得点位坐标的观测方法称作 GPS 网观测模式。

由上述可见，GPS 控制网和水准网的基本技术思路是一致的，最大的不同是水准网是一维的，GPS 控制网是三维的。

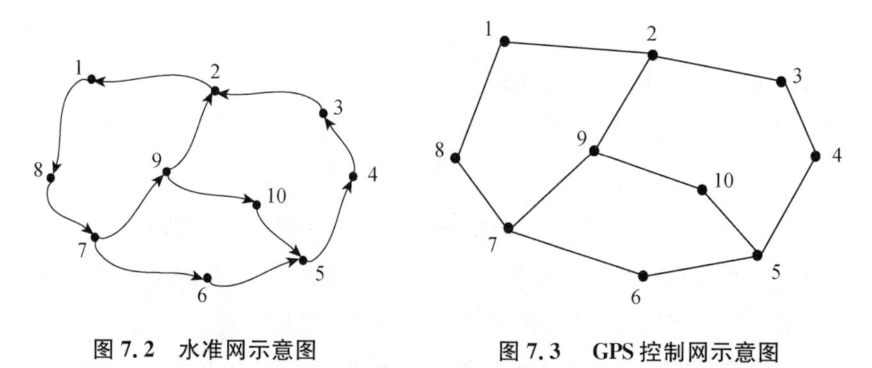

图 7.2　水准网示意图　　　　图 7.3　GPS 控制网示意图

GPS 网观测时，需使用两台或两台以上接收机同时对同一组卫星进行观测，这种现象叫同步观测。同步观测所获得的基线向量构成的闭合环，称同步环。由非同步观测获得的基线向量构成的闭合环，称独立环或异步环。为了误差检测，图 7.3 中各边所构成的环必须为异步环。

网观测模式的成果精度较高、可靠性好，但工作量较大，作业时间较长，在工程测量中，一般用于首级控制网布设。

2）点观测模式

利用 GPS-RTK 对各个控制点逐个进行测量，可瞬间得到各控制点的坐标。

早期的 RTK 技术主要为单基站 RTK，其主要由参考站、流动站和随机软件三部分组成。其工作原理如图 7.4 所示。

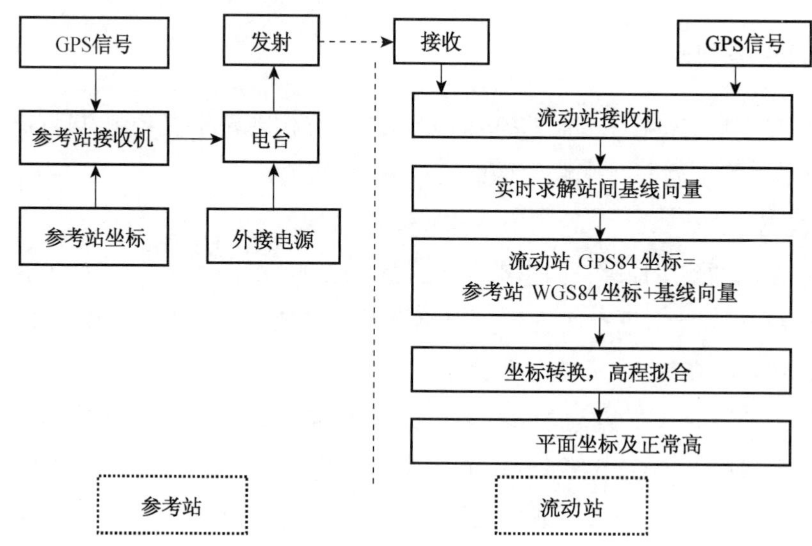

图 7.4　RTK 工作原理图

参考站对所有可见卫星进行连续观测，并不断地把各种观测量、所视卫星状态和参考站的 WGS84 坐标实时通过数据链传送给流动站。流动站对可视卫星与参考站进行同步观测，获取各种观测量。同时，通过接收电台接收参考站所发射的各种信息，包括参考站各种观测量、所视卫星状态和基准站的 WGS84 坐标。随机软件安装在流动站操作手簿内，对参考站和流动站同步观测量进行实时动态解算，得出参考站和流动站间的高精度基线向量。这个基线向量加上参考站的 WGS84 坐标即得流动站的 WGS84 坐标。最后通过坐标转换来获得流动站的地方平面坐标。

近些年来，网络 RTK 技术逐步得到广泛应用，使得作业更加方便。如图 7.5 所示，网络 RTK 的作业思想是：在一定地域内建立若干个固定 GPS 连续运行参考站，并通过数据通讯网络将这些连续运行参考站的观测数据传送至数据处理中心，数据处理中心根据各参考站精确已知的坐标信息，对网络范围内的电离层、对流层以及卫星轨道等误差进行计算，并实时将相关信息发送给流动站，使得流动站能实时解算出用户的精确三维坐标。

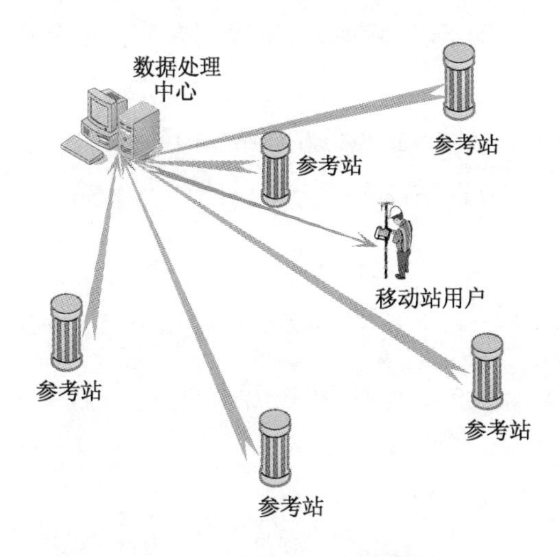

图 7.5　网络 RTK 作业原理

3）坐标转换

GPS 测量结果属于 WGS84 坐标系统，实际工作中往往需要将各点的 WGS84 坐标转换成地方坐标，这一过程称为坐标转换。为了实现转换，在所测的 GPS 控制点中必须包含若干个具有区域坐标的点，这些点称作公共点。对公共点利用转换模型求得转换参数，然后再用这些转换参数将其余各点由 WGS84 坐标系转换到地方坐标系。

7.2　单点定向方式

即插即用式光纤陀螺全站仪组合定向技术在使用上较为灵活。下面给出两种设站模式及其测点精度分布规律。

7.2.1 前视设站法

如图 7.6 所示，控制点 P 为 GPS 测量所得的控制点，具有 WGS84 坐标经纬度值，也有相应的平面坐标（x_G、y_G）；点 k 为待测的碎部点。直接在控制点 P 设站，利用即插即用式光纤陀螺全站仪组合进行单点定向，即为前视设站法。

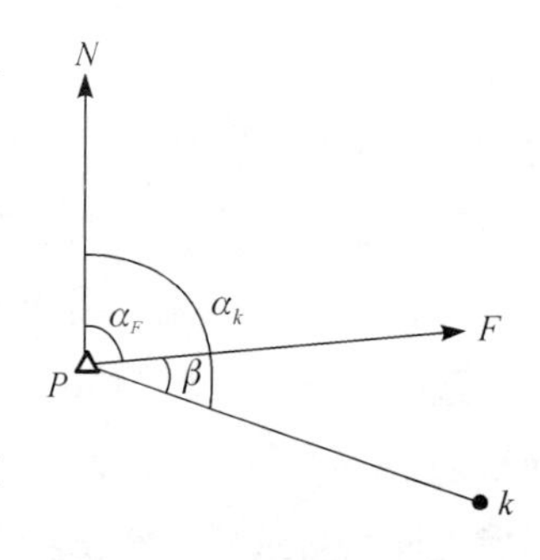

图 7.6 前视设站法示意图

其操作步骤是：

(1) 按照 5.1 节所述的操作方法完成四个位置陀螺数据采集，并读取东向位置时的全站仪水平度盘读数 θ_E；

(2) 利用式(5.49)计算得到东向位置时全站仪横轴垂直线东向坐标方位角 α_F 。

完成定向后即可以进行碎部点测量。瞄准界址点 k，读得全站仪水平度盘读数 θ_k、竖直角 β_V 和水平距离 D_{Pk}。

对 θ_k 进行轴系误差改正(此改正也可在全站仪内部进行)，根据式(3.11)可得视准轴误差改正 χ_C，根据式(3.16)可得横轴误差 χ_i、根据式(3.17)可得竖轴误差 χ_τ。于是改正后度盘读数为

$$\hat{\theta}_k = \theta_k + \chi_C + \chi_i + \chi_\tau \tag{7.1}$$

于是有

$$\beta = \hat{\theta}_k - \theta_E \tag{7.2}$$

$$\alpha_{Pk} = \alpha_F + \beta \tag{7.3}$$

即有

$$\begin{cases} x_k = x_P + D_{Pk} \cdot \cos \alpha_{Pk} \\ y_k = y_P + D_{Pk} \cdot \sin \alpha_{Pk} \end{cases} \tag{7.4}$$

点 k 相对于控制点 P 的精度为

$$\begin{cases} m_{xk}^2 = \cos^2 \alpha_{Pk} \cdot m_D^2 + (D_{Pk} \cdot \sin \alpha_{Pk})^2 \cdot \left(\dfrac{m_{\alpha_{Pk}}}{206\ 265}\right)^2 \\ m_{yk}^2 = \sin^2 \alpha_{Pk} \cdot m_D^2 + (D_{Pk} \cdot \cos \alpha_{Pk})^2 \cdot \left(\dfrac{m_{\alpha_{Pk}}}{206\ 265}\right)^2 \end{cases} \tag{7.5}$$

式中，m_D 为 D_{Pk} 的中误差，$m_{\alpha_{Pk}}$ 为 α_{Pk} 的中误差。

进一步可得点 k 的点位精度

$$m_k = \sqrt{m_{xk}^2 + m_{yk}^2} = \sqrt{m_D^2 + \left(\frac{D_{Pk}}{206\ 265}\right)^2 \cdot m_{\alpha_{Pk}}{}^2} \tag{7.6}$$

由于 m_D 是 D_{Pk} 的函数，故从式(7.6)可见，在 $m_{\alpha_{Pk}}$ 一定的情况下，点 k 的点位精度决定于距离 D_{Pk}。因此，在控制点 P 上架设全站仪进行碎部点测量，碎部点点位精度以控制点 P 为中心，以同心圆向外衰减。

7.2.2 后视设站法

1) 大地坐标增量计算

有地面点 P、点 G，已知点 P 大地坐标(L_P、B_P)、点 P 与点 G 间在高斯平面直角坐标系下的坐标增量(Δx_{PG}、Δy_{PG})，求解点 P 与点 G 间在大地坐标系下的坐标增量(ΔL_{PG}、ΔB_{PG})。

假设地球为一个半径 R 的圆球，平面直角坐标系下的坐标增量(Δx_{PG}、Δy_{PG})近似看作为球面弧线。于是，Δx_{PG} 对应的球心角即为大地纬度增量 ΔB_{PG}，其计算公式为

$$\Delta B_{PG} = \frac{\Delta x_{PG}}{R} \cdot \frac{180}{\pi} \tag{7.7}$$

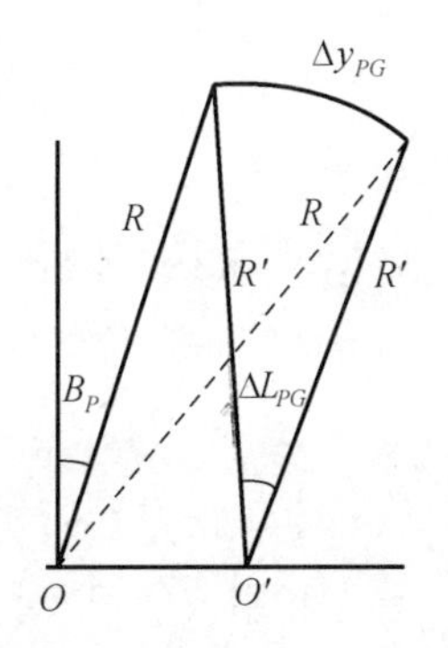

图 7.7　平面坐标差与经度差间的关系

Δy_{PG} 对应的大地经度坐标增量 ΔL_{PG} 处于地球平行圈平面内，其与地球半径 R 及 Δy_{PG} 所处平均纬度 B 的关系如图 7.7 所示。

由图 7.7 可得

$$\Delta L_{PG} = \frac{\Delta y_{PG}}{R'} \cdot \frac{180}{\pi} \tag{7.8}$$

用点 P 的纬度 B_P 近似代替点 P、点 G 平均纬度，可得

$$\sin(90° - B_P) = \cos B_P = \frac{R'}{R} \tag{7.9}$$

综合式(7.8)和式(7.9)可得

$$\Delta L_{PG} = \frac{\Delta y_{PG}}{R} \cdot \frac{180}{\pi} \cdot \frac{R}{R'} = \frac{180 \cdot \Delta y_{PG}}{\pi \cdot R \cdot \cos B_P} \tag{7.10}$$

2) 后视设站法作业过程

如图 7.8 所示，控制点 P 为 GPS 测量所得的控制点，具有 WGS84 坐标经纬度值，也

有相应的平面坐标（x_P、y_P）；点 k 为待测的碎部点。由于地物遮挡，碎部点 k 与控制点 P 间不通视，在点 P 架设全站仪不能测到点 k。于是任意选一过渡点 G，点 G 需分别能与点 P 和点 k 通视。在点 G 设站，后视控制点 P，利用光纤陀螺完成全站仪定向及点 G 坐标解算，在此基础上进行碎部点观测，这种设站方法即为后视设站法。

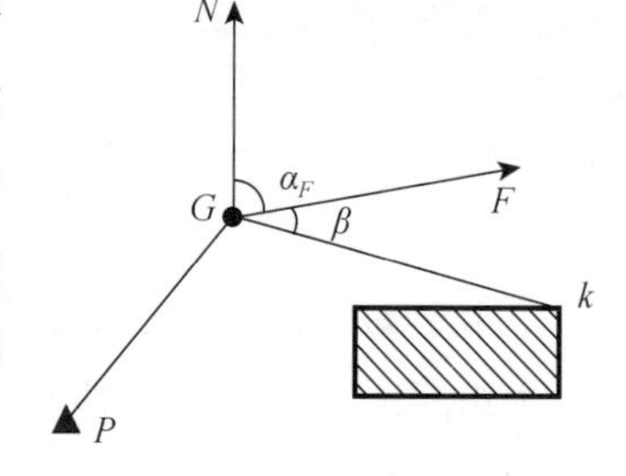

图 7.8　后视设站法示意图

后视设站法具体操作步骤如下：

(1) 在点 G 架设全站仪，连接光纤陀螺到全站仪上，形成光纤陀螺全站仪组合定向系统；

(2) 瞄准点 P，读取水平度盘读数 θ_P，距离 D_{GP}；

(3) 按照 5.1 节所述的操作方法完成四个位置陀螺数据采集，并读取全站仪水平度盘读数 θ_E。

后视设站法具体解算步骤如下：

(1) 计算东向位置时，全站仪视准轴(默认没有视准轴误差的影响)坐标方位角 α_F 的初值。取 $B_G \approx B_P$，$L_G \approx L_P$，利用式(5.49)计算得 α_F 的初值。

(2) 计算点 P 至点 G 的坐标增量

首先利用式(7.1)对 θ_P 进行轴系误差改正得 $\hat{\theta}_P$。进而得到

$$\alpha_{PG} = \alpha_F + (\hat{\theta}_P - \theta_E) \pm 180 \tag{7.11}$$

点 G、点 P 间坐标增量为

$$\begin{cases} \Delta x_{PG} = D_{GP} \cdot \cos\alpha_{PG} \\ \Delta y_{PG} = D_{GP} \cdot \sin\alpha_{PG} \end{cases} \tag{7.12}$$

根据式(7.8)、式(7.10)可得

$$\begin{cases} \Delta B_{PG} = \dfrac{\Delta x_{PG}}{R} \cdot \dfrac{180}{\pi} \\ \Delta L_{PG} = \dfrac{180 \cdot \Delta y_{PG}}{\pi \cdot R \cdot \cos B_P} \end{cases} \tag{7.13}$$

(3) 计算 G 点坐标

$$\begin{cases} x_G = x_P + \Delta x_{PG} \\ y_G = y_P + \Delta y_{PG} \end{cases} \tag{7.14}$$

$$\begin{cases} B_G = B_P + \Delta B_{PG} \\ L_G = L_P + \Delta L_{PG} \end{cases} \tag{7.15}$$

(4) 利用最新的点 G 坐标,重新计算东向位置时,全站仪视准轴坐标方位角 α_F

重复(2)～(4)步,直至点 G 坐标和坐标方位角 α_F 解算数值不再变化。至此,获得了 G 点坐标以及完成了全站仪定向。

接下来即可测量碎部点 k。瞄准点 k,读得水平度盘读数 θ_k,距离 D_{Gk}。用式(7.1)对 θ_k 进行轴系误差改正得 $\hat{\theta}_k$。则有

$$\alpha_{Gk} = \alpha_F + (\hat{\theta}_k - \theta_E) \tag{7.16}$$

点 k 的坐标为

$$\begin{cases} x_k = x_G + D_{Gk} \cdot \cos(\alpha_F + \hat{\theta}_k - \theta_E) \\ y_k = y_G + D_{Gk} \cdot \sin(\alpha_F + \hat{\theta}_k - \theta_E) \end{cases} \tag{7.17}$$

3) *后视设站法精度*

在前视设站法中,所测碎部点精度是以测站点为中心,以等圆向外衰减的。对于后视设站法是否还服从这样的规律需要进一步讨论。

综合式(7.12)、式(7.14)、式(7.17)可得

$$\begin{cases} x_k = x_P - D_{GP} \cdot \cos(\alpha_F + \hat{\theta}_P - \theta_E) + D_{Gk} \cdot \cos(\alpha_F + \hat{\theta}_k - \theta_E) \\ y_k = y_P - D_{GP} \cdot \sin(\alpha_F + \hat{\theta}_P - \theta_E) + D_{Gk} \cdot \sin(\alpha_F + \hat{\theta}_k - \theta_E) \end{cases} \tag{7.18}$$

对式(7.18)两边微分,整理可得

$$\begin{cases} \mathrm{d}x_k = [D_{GP} \cdot \sin(\alpha_F + \hat{\theta}_P - \theta_E) - D_{Gk} \cdot \sin(\alpha_F + \hat{\theta}_k - \theta_E)] \cdot \dfrac{\mathrm{d}\alpha_F}{206\ 265} \\ \qquad + D_{GP} \cdot \sin(\alpha_F + \hat{\theta}_P - \theta_E) \dfrac{\mathrm{d}\hat{\theta}_P}{206\ 265} - D_{Gk} \cdot \sin(\alpha_F + \hat{\theta}_k - \theta_E) \cdot \dfrac{\mathrm{d}\hat{\theta}_k}{206\ 265} \\ \qquad + [-D_{GP} \cdot \sin(\alpha_F + \hat{\theta}_P - \theta_E) + D_{Gk} \cdot \sin(\alpha_F + \hat{\theta}_k - \theta_E)] \cdot \dfrac{\mathrm{d}\theta_E}{206\ 265} \\ \qquad - \cos(\alpha_F + \hat{\theta}_P - \theta_E) \cdot \mathrm{d}D_{GP} + \cos(\alpha_F + \hat{\theta}_k - \theta_E) \cdot \mathrm{d}D_{Gk} \\ \mathrm{d}y_k = [-D_{GP} \cdot \cos(\alpha_F + \hat{\theta}_P - \theta_E) + D_{Gk} \cdot \cos(\alpha_F + \hat{\theta}_k - \theta_E)] \cdot \dfrac{\mathrm{d}\alpha_F}{206\ 265} \\ \qquad - D_{GP} \cdot \cos(\alpha_F + \hat{\theta}_P - \theta_E) \cdot \dfrac{\mathrm{d}\hat{\theta}_P}{206\ 265} + D_{Gk} \cdot \cos(\alpha_F + \hat{\theta}_k - \theta_E) \cdot \dfrac{\mathrm{d}\hat{\theta}_k}{206\ 265} \\ \qquad - [-D_{GP} \cdot \cos(\alpha_F + \hat{\theta}_P - \theta_E) + D_{Gk} \cdot \cos(\alpha_F + \hat{\theta}_k - \theta_E)] \cdot \dfrac{\mathrm{d}\theta_E}{206\ 265} \\ \qquad - \sin(\alpha_F + \hat{\theta}_P - \theta_E) \cdot \mathrm{d}D_{GP} + \sin(\alpha_F + \hat{\theta}_k - \theta_E) \cdot \mathrm{d}D_{Gk} \end{cases} \tag{7.19}$$

进一步可得点 k 的坐标分量中误差

$$\left\{\begin{aligned}
m_{xk}^2 = &\left[D_{GP}\cdot\sin(\alpha_F+\hat{\theta}_P-\theta_E)-D_{Gk}\cdot\sin(\alpha_F+\hat{\theta}_k-\theta_E)\right]^2\cdot\frac{m_\alpha^2}{(206\ 265)^2}\\
&+D_{GP}{}^2\cdot\sin^2(\alpha_F+\hat{\theta}_P-\theta_E)\cdot\frac{m_{\hat{\theta}_P}^2}{(206\ 265)^2}\\
&+D_{Gk}^2\cdot\sin^2(\alpha_F+\hat{\theta}_k-\theta_E)\cdot\frac{m_{\hat{\theta}_k}^2}{(206\ 265)^2}\\
&+\left[-D_{GP}\cdot\sin(\alpha_F+\hat{\theta}_P-\theta_E)+D_{Gk}\cdot\sin(\alpha_F+\hat{\theta}_k-\theta_E)\right]^2\cdot\frac{m_{\theta_E}^2}{(206\ 265)^2}\\
&+\cos^2(\alpha_F+\hat{\theta}_P-\theta_E)\cdot m_{D_{GP}}^2+\cos^2(\alpha_F+\hat{\theta}_k-\theta_E)\cdot m_{D_{Gk}}^2\\
m_{yk}^2 = &\left[-D_{GP}\cdot\cos(\alpha_F+\hat{\theta}_P-\theta_E)+D_{Gk}\cdot\cos(\alpha_F+\hat{\theta}_k-\theta_E)\right]^2\cdot\frac{m_\alpha^2}{(206\ 265)^2}\\
&+D_{GP}{}^2\cdot\cos^2(\alpha_F+\hat{\theta}_P-\theta_E)\cdot\frac{m_{\hat{\theta}_P}^2}{(206\ 265)^2}\\
&+D_{Gk}{}^2\cdot\cos^2(\alpha_F+\hat{\theta}_k-\theta_E)\cdot\frac{m_{\hat{\theta}_k}^2}{(206\ 265)^2}\\
&+\left[-D_{GP}\cdot\cos(\alpha_F+\hat{\theta}_P-\theta_E)+D_{Gk}\cdot\cos(\alpha_F+\hat{\theta}_k-\theta_E)\right]^2\cdot\frac{m_{\theta_E}^2}{(206\ 265)^2}\\
&+\sin^2(\alpha_F+\hat{\theta}_P-\theta_E)\cdot m_{D_{GP}}^2+\sin^2(\alpha_F+\hat{\theta}_k-\theta_E)\cdot m_{D_{Gk}}^2
\end{aligned}\right.\tag{7.20}$$

点 k 的点位中误差为

$$\begin{aligned}
m_k &= \sqrt{m_{xk}^2+m_{yk}^2}\\
&= \sqrt{\left[D_{GP}^2+D_{Gk}^2-2D_{GP}\cdot D_{Gk}\cdot\cos(\theta_k-\theta_p)\right]\cdot\frac{(m_\alpha^2+m_{\theta_E}^2)}{(206\ 265)^2}+D_{GP}^2\cdot\frac{m_{\hat{\theta}_P}^2}{(206\ 265)^2}+D_{Gk}^2\cdot\frac{m_{\hat{\theta}_k}^2}{(206\ 265)^2}+m_{D_{GP}}^2+m_{D_{Gk}}^2}
\end{aligned}\tag{7.21}$$

为了直观表达通过后视设站法测点的精度分布规律，下面通过 Matlab 进行仿真，给出等精度曲线分布图。

设 $m_\alpha=50''$，全站仪目标方向读数精度为 2″，测距精度为 3 mm+2 ppm · D。则有 $m_{\theta_E}=m_{\hat{\theta}_P}=m_{\hat{\theta}_k}=2''$，$m_{D_{GP}}=3+\frac{2}{10^6}\times D_{GP}$（单位：mm），$m_{D_{Gk}}=3+\frac{2}{10^6}\times D_{Gk}$（单

位:mm)。设在测区有控制点 P (500, 500),选一点 G 设站,通过后视设站法完成定向,并开始测量各碎部点坐标。在测区内建立密度为 1 m×1 m 的格网,把这些格网点作为碎部点进行观测,利用式(7.21)可得各格网点测量精度,利用这些格网点测量精度内插生成等值曲线。

图 7.9(a)为测站点 G 坐标为(550, 600)时,碎部点精度等值曲线(单位:m)。图 7.9(b)为测站点 G 坐标为(650, 680)时,碎部点精度等值曲线(单位:m)。

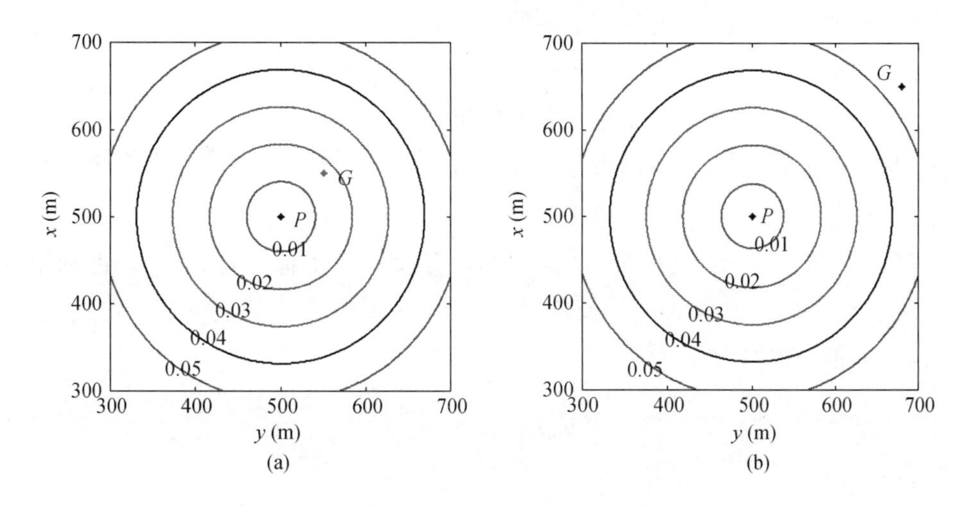

图 7.9　后视设站法测点精度分布图(单位:m)

从图 7.9 可以看出,当使用后视设站法进行定向时,各碎部点测量精度以控制点 P 为中心,近乎等圆向外衰减,与设站点 G 的位置基本无关。

总之,后视设站法能方便测量一些与控制点不通视的碎部点,但不会因为设站点距碎部点距离较近而提高测量精度。

7.3　在导线测量中的应用

7.3.1　自由导线加测方向

自由导线指在一个已知点和一个已知方向的基础上,通过测角、测距向前支点,所形成的特殊导线形式,如图 7.10 所示。由于自由导线缺乏检核条件,不能发现测量粗差以及进行精度评定,在测绘工作中,往往被限制使用。

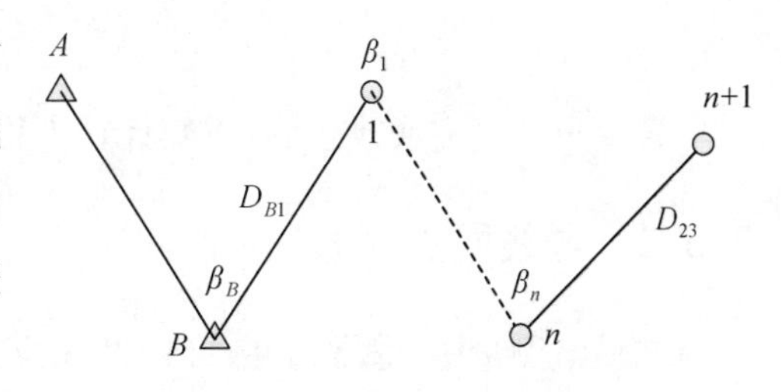

图 7.10　支导线示意图

然而,在城镇、山区、坑道等测量的局部范

围内(如城镇中小巷),经常会碰到无法布设高等级控制点,但又必须完成这局部范围碎部测量的情况。在这种情况下,不得不选择自由导线来完成图根点布设。

随着电子测距技术的发展,测距已非常便利、高效,可靠性也已大幅度提高,自由导线的可靠性主要受角度可靠性影响。如果利用即插即用式光纤陀螺全站仪组合,对自由导线末边进行定向,为自由导线提供一个角度检核条件,则能很好地提高自由导线测量结果的可靠性和精度。如图 7.11 所示的自由导线,在点 n 或点 $n+1$ 架设即插即用式光纤陀螺全站仪组合系统,测得点 n 至点 $n+1$ 方向方位角 $\alpha_{n,n+1}$,定向精度为 m_α。

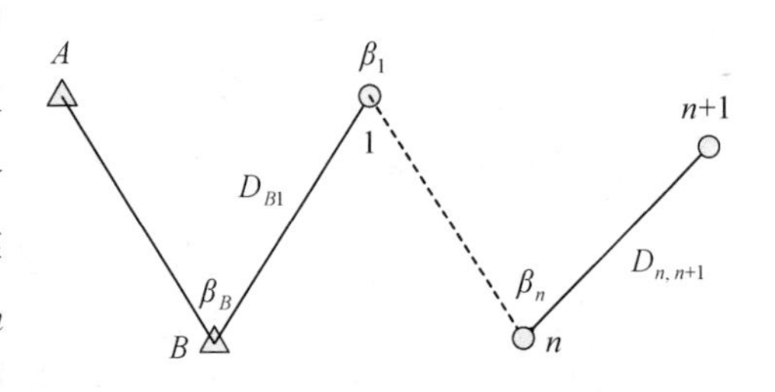

图 7.11　支导线加测方向

数据处理过程如下:利用 A、B 点已知坐标反算出坐标方位角 α_{AB},再利用 β_B、β_1、…、β_n,推导出方位角 $\alpha'_{n,n+1}$。设角度 β_B、β_1、…、β_n 为等精度观测,测角中误差为 m_β,则 $\alpha'_{n,n+1}$ 的中误差为

$$m'_\alpha=\sqrt{n+1}m_\beta \tag{7.22}$$

方位角闭合差为

$$\Delta\alpha_{n,n+1}=\alpha'_{n,n+1}-\alpha_{n,n+1} \tag{7.23}$$

闭合差的中误差为

$$m_\Delta^2=m'^2_\alpha+m_\alpha^2 \tag{7.24}$$

若 $|\Delta\alpha_{n,n+1}|\leqslant 2m_\Delta$,则角度测量未超限,可以进行误差分配。方位角 $\alpha'_{n,n+1}$ 的改正数为

$$\upsilon_\alpha=-\frac{m^{2\prime}_\alpha}{m_\Delta^2}\Delta\alpha_{n,n+1} \tag{7.25}$$

各测量角度误差改正数为

$$\upsilon_\beta=\frac{\Delta\alpha_{n,n+1}+\nu_\alpha}{n+1} \tag{7.26}$$

各测量角度完成改正后,重新计算方位角,然后利用距离测量值计算各个点坐标。

7.3.2　导线网加测方向

在城镇测量中,通常是在首级 GPS 控制点的基础上,进行图根控制网的布设。很多情况下,图根控制网采用导线网(包括附合导线、闭合导线)的形式。

由于城镇建筑物密度大，首级 GPS 控制点布设难度大，点的密度和位置常不能很好地满足导线网的布设要求。或由于相邻两首级控制点间距离过近，使得定向精度较低，影响导线网的定向精度；或由于首级控制点间隔过远，使得导线网的边数超过规范要求，导致最弱边的定向精度超限。

随着光电测距的普及，图根导线网的测距精度和可靠性已经有了很大提高，导线网中各边的方位角精度已成为影响测量结果的主导因素。如果在图根导线网中的一些弱边上利用即插即用式光纤陀螺全站仪组合加测方位角，增加控制网的观测量，将能很好地提高控制网的精度和强度。如图 7.12 所示的附合导线，加测了最弱边方位角 $\alpha_{i,\ i+1}$；如图 7.13 所示的导线网，加测了最弱边方位角 α_{G4}。

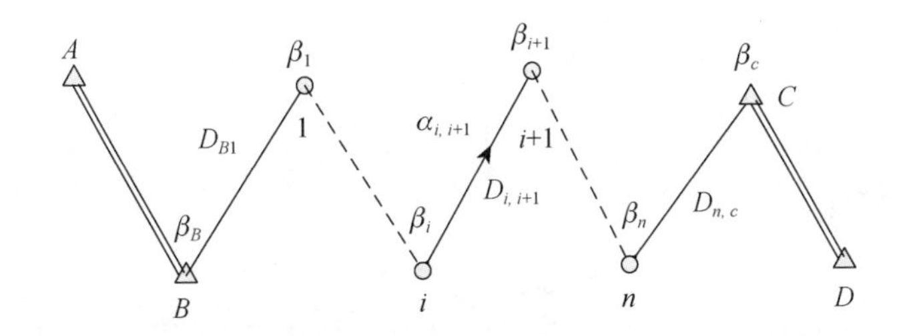

图 7.12　附合导线加测方位角

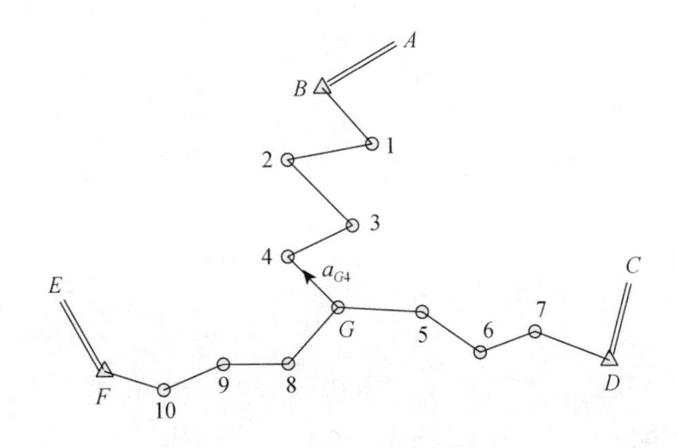

图 7.13　导线网加测方位角

对于导线网（包括附合导线、闭合导线），其观测量为角度和边长，加测陀螺方位角后，增加了一类方位角观测量。下面利用间接平差，建立导线网的误差方程。

1）计算各导线点的近似坐标

根据导线网中的首级控制点坐标和观测值，按照坐标增量公式逐点推算各导线点的近似坐标（x_0，y_0）。为了保证后期解算精度，应尽量提高近似坐标的精度。

2）计算各边近似坐标方位角和近似边长

对于边 ik，近似坐标方位角方程为

$$\alpha_{0,ik}=\arctan\frac{y_{0,k}-y_{0,i}}{x_{0,k}-x_{0,i}} \tag{7.27}$$

近似边长为

$$D_{0,ik}=\sqrt{\Delta x_{0,ik}^{2}+\Delta y_{0,ik}^{2}} \tag{7.28}$$

3）列立方位角观测量误差方程

任意方向 ik 的坐标方位角方程为

$$\alpha_{ik}+v_{\alpha_{ik}}=\arctan\frac{y_k-y_i}{x_k-x_i} \tag{7.29}$$

式中，α_{ik} 为方向 ik 的坐标方位角观测值，$v_{\alpha_{ik}}$ 为观测值改正数，y_k、y_k、x_i、y_k 为方向两端点的坐标。

设坐标改正数为

$$\begin{cases}\delta x=x-x_0\\ \delta y=y-y_0\end{cases} \tag{7.30}$$

对式(7.29)右边在近似坐标(x_0，y_0)处进行泰勒级数展开并取至一阶项，可得

$$\alpha_{ik}+v_{\alpha_{ik}}=\alpha_{0,ik}+\frac{\Delta y_{0,ik}}{D_{0,ik}}\delta x_i-\frac{\Delta x_{0,ik}}{D_{0,ik}}\delta y_i-\frac{\Delta y_{0,ik}}{D_{0,ik}}\delta x_k+\frac{\Delta x_{0,ik}}{D_{0,ik}}\delta y_k \tag{7.31}$$

移项可得

$$v_{\alpha_{ik}}=\frac{\Delta y_{0,ik}}{D_{0,ik}}\delta x_i-\frac{\Delta x_{0,ik}}{D_{0,ik}}\delta y_i-\frac{\Delta y_{0,ik}}{D_{0,ik}}\delta x_k+\frac{\Delta x_{0,ik}}{D_{0,ik}}\delta y_k+\alpha_{0,ik}-\alpha_{ik} \tag{7.32}$$

参照式(7.32)可建立图 7.12 中 $\alpha_{i,i+1}$ 和图 7.13 中 α_{G4} 的误差方程。

4）列立角度观测量误差方程

如图 7.13 所示，以 ∠123 为例，讨论建立角度观测值的误差方程。

参照式(7.31)可得

$$\alpha_{21}+v_{\alpha_{21}}=\alpha_{0,21}+\frac{\Delta y_{0,21}}{D_{0,21}}\delta x_2-\frac{\Delta x_{0,21}}{D_{0,21}}\delta y_2-\frac{\Delta y_{0,21}}{D_{0,21}}\delta x_1+\frac{\Delta x_{0,21}}{D_{0,21}}\delta y_1 \tag{7.33}$$

$$\alpha_{23}+v_{\alpha_{23}}=\alpha_{0,23}+\frac{\Delta y_{0,23}}{D_{0,23}}\delta x_2-\frac{\Delta x_{0,23}}{D_{0,23}}\delta y_2-\frac{\Delta y_{0,23}}{D_{0,23}}\delta x_3+\frac{\Delta x_{0,23}}{D_{0,23}}\delta y_3 \tag{7.34}$$

式(7.34)减去式(7.33)，可得

$$\alpha_{23}-\alpha_{21}+v_{\alpha_{23}}-v_{\alpha_{21}}$$
$$=\alpha_{0,23}-\alpha_{0,21}+(\frac{\Delta y_{0,23}}{D_{0,23}}-\frac{\Delta y_{0,21}}{D_{0,21}})\delta x_2$$
$$-(\frac{\Delta x_{0,23}}{D_{0,23}}-\frac{\Delta x_{0,21}}{D_{0,21}})\delta y_2-\frac{\Delta y_{0,23}}{D_{0,23}}\delta x_3+\frac{\Delta y_{0,21}}{D_{0,21}}\delta x_1+\frac{\Delta x_{0,23}}{D_{0,23}}\delta y_3-\frac{\Delta x_{0,21}}{D_{0,21}}\delta y_1 \tag{7.35}$$

进一步可得在导线点 2 上的角度观测值误差方程

$$v_{\beta_2}=(\frac{\Delta y_{0,23}}{D_{0,23}}-\frac{\Delta y_{0,21}}{D_{0,21}})\delta x_2-(\frac{\Delta x_{0,23}}{D_{0,23}}-\frac{\Delta x_{0,21}}{D_{0,21}})\delta y_2$$
$$-\frac{\Delta y_{0,23}}{D_{0,23}}\delta x_3+\frac{\Delta y_{0,21}}{D_{0,21}}\delta x_1+\frac{\Delta x_{0,23}}{D_{0,23}}\delta y_3-\frac{\Delta x_{0,21}}{D_{0,21}}\delta y_1+\alpha_{0,23}-\alpha_{0,21}-\beta_2 \tag{7.36}$$

参照式(7.36)可列出各角度观测量的误差方程。

5）列立边长观测量误差方程

任意边 ik 的边长观测量方程为

$$D_{ik}+v_{S_{ik}}=\sqrt{(x_k-x_i)^2+(y_k-y_i)^2} \tag{7.37}$$

对式(7.37)右边在近似坐标(x_0 , y_0)处进行泰勒级数展开并取至一阶项,可得

$$D_{ik}+v_{S_{ik}}=D_{0,ik}+\frac{\Delta x_{0,ik}}{D_{0,ik}}(\delta x_k-\delta x_i)+\frac{\Delta y_{0,ik}}{D_{0,ik}}(\delta y_k-\delta y_i) \tag{7.38}$$

整理可得

$$v_{S_{ik}}=\frac{\Delta x_{0,ik}}{D_{0,ik}}\delta x_k-\frac{\Delta x_{0,ik}}{D_{0,ik}}\delta x_i+\frac{\Delta y_{0,ik}}{D_{0,ik}}\delta y_k-\frac{\Delta y_{0,ik}}{D_{0,ik}}\delta y_i+D_{0,ik}-D_{ik} \tag{7.39}$$

参照式(7.39)可列立出各个边观测量的误差方程。

利用这些误差方程,即可解得图根点坐标的最或然值及其中误差。

7.4　定向目标的设定与使用

7.4.1　定向目标的设定

一个测站上的测绘工作经常不能一次性完成,需要二次甚至多次架站完成后续测绘工作。在这种情况下,就需要在测站周围找一个明显易辨认、易精确瞄准的点作为定向点,测得测站至此定向点的方位角,以用于下次架站时的全站仪定向。

设测站为Q，定向点为G。对于测站Q，当东向位置定向结果为α时，相应全站仪水平度盘读数为θ_E。瞄准定向点G，读的水平度盘读数为θ_{G1}，竖直角为β_{V1}，微倾敏感器在横轴方向的测量值为τ_{y1}。由于定向时所读水平度盘读数θ_E不受全站仪轴系误差的影响，因此，仅需对θ_{G1}进行轴系误差改正。根据式(3.11)可得视准轴误差改正χ_C，根据式(3.16)可得横轴误差χ_i、根据式(3.17)可得竖轴误差χ_τ。于是改正后度盘读数为

$$\hat{\theta}_{G1}=\theta_{G1}+\chi_C+\chi_i+\chi_\tau \tag{7.40}$$

于是可得定向点G方向与定向东向方向间的角度为

$$\beta_{EG}=\hat{\theta}_{G1}-\theta_E \tag{7.41}$$

进一步得测站Q至定向点G的坐标方位角

$$\alpha_G=\alpha+\beta_{EG} \tag{7.42}$$

7.4.2 定向目标的使用

当再次在测站Q架站时，需后视定向点G来完成定向。全站仪整平对中完成后，瞄准定向点G，全站仪水平度盘读数为θ_{G2}，竖直角为β_{V2}，微倾敏感器在横轴方向的测量值为τ_{y2}。对θ_{G2}进行轴系误差改正，根据式(3.11)可得视准轴误差改正χ_C，根据式(3.16)可得横轴误差χ_i、根据式(3.17)可得竖轴误差χ_τ。于是改正后度盘读数为

$$\hat{\theta}_{G2}=\theta_{G2}+\chi_C+\chi_i+\chi_\tau \tag{7.43}$$

在接下来的测量中，对于任一目标k，读得水平度盘读数θ_k，竖直角为β_{Vk}，微倾敏感器在横轴方向的测量值为τ_{yk}。对θ_k进行轴系误差改正，可得$\hat{\theta}_k$。于是目标k与定向点G间的水平夹角为

$$\beta_{Gk}=\hat{\theta}_k-\hat{\theta}_{G2} \tag{7.44}$$

则测站Q至目标k的坐标方位角为

$$\alpha_k=\alpha_G+\beta_{Gk} \tag{7.45}$$

需要提醒的是，上述轴系误差改正可在全站仪内部由全站仪自带软件完成。

7.5 城镇地籍测量中的光纤陀螺选型

7.5.1 城镇地籍测量

城镇地籍测量是一项长期的、日常的测量工作。其主要任务是：测定土地及其上附着物

的权属、位置、数量、质量和利用现状等基本情况。其主要作用是：为土地管理、房产管理、税收和城乡规划、国土整治与开发等国民经济建设有关部门提供及时、可靠的基础资料。

地籍测量和地形测量的过程基本一致，主要分为两个步骤：

第一步是控制测量，包括首级控制和图根控制。地籍控制测量是地籍图件的数学基础，是关系到界址点精度的具有全局性的技术环节。

第二步是碎部测量，是在控制测量的基础上，以权属调查资料及宗地草图为依据，测定每宗地权属界址点、其他地籍要素及与地籍有密切关系的地形要素等的位置。

与一般地形测量相比，地籍测量又有如下几个特点：

(1) 它是一项具有法律效力，政策性很强的技术工作，是政府行使土地管理职能具有法律意义的行政性技术行为。现阶段，我国进行地籍测量工作的根本目的是国家为了保护土地、合理利用土地及保护土地所有者和使用者的合法权益，为社会发展和国民经济计划提供基础资料。

(2) 地籍测量的核心任务是要准确测定土地权属界址点、线和宗地面积。碎部测量时要设法保证界址点及其相邻精度。

(3) 地籍测量工作环境较为复杂。地籍测量一般都是在建筑物比较密集、行人较多、车流量较大的区域进行，严重影响了 GPS 的使用和全站仪通视，使得测量工作开展显得较为困难。

(4) 地籍测量具有日常性和周期性。由于经济建设的快速发展，地面附着物的变化日新月异，政府职能部门对地籍数据现势性要求也越来越高。因此，地籍测量工作属于日常周期性的技术工作。

地籍测量区域建筑物较多，遮挡严重，导线布设难度大，可实现 RTK 高精度定位的点位少。如果能在单点情况下实现定向，将极大缓解 RTK 作业压力，充分发挥 GPS 技术不需点间通视的优势。由此可见，地籍测量将是即插即用式光纤陀螺全站仪组合定向技术的一个重要应用领域。

7.5.2　与地籍测量相适应的光纤陀螺等级

地籍测量主要对象包括：界址点和建筑物拐点。由于界址点涉及权属问题，其精度要求较建筑物拐点高。如图 7.14 所示，在控制点 Q 设站，利用即插即用式光纤陀螺全站仪组合完成单点定向，测量界址点 k。

测量过程中存在的误差有：对中误差、界址点上的目标偏心误差、瞄准误差、角度测量误差、方位角定向误差以及距离测量误差等。

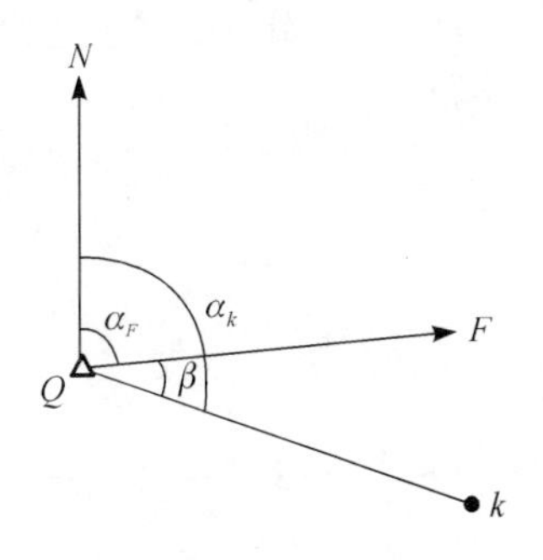

图 7.14　前视法界址点示意图

1）测站上全站仪的对中误差 m_Q

在安置全站仪时，由于对中不准确使仪器竖轴与测站点的铅垂线不重合会产生对中误差。一般来说，全站仪光学对中误差 m_Q 可控制在2 mm之内。

2）目标偏心误差 m_k

在实际作业中，界址点测量多是采用棱镜对中杆作为目标，由于设置在界址点上的对中杆倾斜而使照准目标偏离界址点中心所产生的误差称为目标偏心误差。对中杆一般利用圆水准器实现对中杆竖直。由于圆水准器竖轴与水准杆轴不完全平行以及水准器气泡不完全居中，使得对中杆不竖直，竖直准确度约为 8′。假设对中杆高度为 1.5 m，则目标偏心的偏移量为 $8 \times 60 \times 1\,500/206\,265 = 3.5$(mm)，考虑其他因素的影响取 $m_k = 4$ mm。

3）瞄准误差 m_n

瞄准误差是指人眼通过望远镜瞄准目标时产生的瞄准误差。仪器照准精度的衡量指标主要是望远镜的放大倍数和人眼的最小分辨视角。由于人眼的分辨视角一般为 60″，设全站仪望远镜放大倍率为 n，则用该仪器观测时，其瞄准误差为

$$m_n = \frac{60''}{n} \tag{7.46}$$

一般全站仪望远镜放大倍率 n 为 30 倍，因此瞄准误差 $m_n = 2''$。

4）角度测量误差 m_β

对于 2″全站仪来说，其意义是一个方向一个测回的方向测量中误差。实际工作中，多是采用半测回进行测量，同时可能是二次架站后视定向点定向，于是在完成轴系误差补偿情况下，半测回的角度测量中误差取 4″。

5）距离测量误差 m_D

目前全站仪大多采用相位式光电测距，其测距误差可分为两部分：一部分是与距离无关的误差，另一部分是与距离 D 成正比例的误差。目前 2″全站仪测距精度一般不劣于 3 mm +2 ppm。又因为，在地籍碎部点测量中，一般测量距离不会超过 150 m。则有 $m_D \approx 4$ mm。

根据 1995 年国家测绘局颁布的《地籍测绘规范》3.4.2 条规定：界址点的精度分三个等级，等级的选用应根据土地价值、开发利用程度和规划的长远需要而定，各级界址点相对于邻近控制点的定位误差不超过表 7.1 的规定。

表 7.1　各级界址点相对于邻近控制点的定位精度

界址点等级	界址点相对于邻近控制点点位误差和相邻界址点的间距误差限制	
	限差(m)	中误差(m)
一级	±0.10	±0.05
二级	±0.20	±0.10
三级	±0.30	±0.15

由表 7.1 可见，当界址点精度采用一级标准时，对于任一界址点 k 相对于控制点的点位中误差应控制在 50 mm 之内。于是有

$$\sqrt{m_D^2 + D^2 \cdot \frac{m_\alpha^2 + m_n^2 + m_\beta^2}{206\ 265^2} + m_Q^2 + m_k^2} \leqslant 50\ \mathrm{mm} \tag{7.47}$$

式中，距离 D 的单位为 mm。

若 $D_{Qk} = 150$ m，则解得

$$m_\alpha \leqslant 68.1'' \tag{7.48}$$

因此，为了满足城镇地籍测量需要，即插即用式光纤陀螺全站仪组合定向精度应优于 68.1″。

根据式(5.94)可得

$$m_{\alpha-\Omega} \approx m_\alpha \leqslant 68.1'' \tag{7.49}$$

由图 5.14 可知，在单位置观测时间为 300s 情况下，如果在纬度 0～55°范围内实施城镇地籍测量，所需光纤陀螺的零偏稳定性应不劣于 0.03°/h；如果在纬度 0～35°范围内实施城镇地籍测量，所需光纤陀螺的零偏稳定性应不劣于 0.04°/h。

第八章　仪器试制及测试

8.1　硬件选型及开发

8.1.1　全站仪选型

光纤陀螺安置到全站仪上后，需能随全站仪望远镜绕横轴作 180°自由转动。为了实现这个效果，需将全站仪上方的提拔去除。同时，为了能提供全站仪整平误差值，全站仪还需具有微倾敏感器。

根据上述要求，本原理样机全站仪选择的是尼康 DTM-452C 型全站仪，如图 8.1 所示。该型号全站仪测角精度为 2″，测距精度为 2 mm+2 ppm，具有中文显示，能全面记录角度、距离、坐标等数据；该全站仪具有双轴微倾敏感器，可在屏幕上显示全站仪竖轴在横轴及垂直于横轴方向的微倾角度大小，可自行用软件校正视准轴误差、竖轴误差、横轴误差以及竖盘指标差。该全站仪可以经受各种气候条件的考验，符合 IPX6 防水标准的要求；电池使用寿命长，一块电池最多可以连续测量 16 h，或间断测量 27 h；提把可以自行拆卸。

图 8.1　DTM-452C 型全站仪

8.1.2　光纤陀螺选型

综合考虑光陀螺的精度、重量、尺寸以及数据输出形式，本原理样机光纤陀螺选择的是北京航空航天大学研制的 F98H-M 型光纤陀螺仪(产品编号：F98H-M0902017)。

1) 标称技术指标

该陀螺标称技术指标如下：

(1) 性能技术指标

标度因数：≥130 000；

零偏稳定性：0.05°/h(1σ)；

零偏重复性：0.05°/h(1σ)；

随机游走系数：0.005°/$\sqrt{h}$；

标度因数非线性度：50 ppm(1σ)；

标度因数重复性：50 ppm(1σ)；

动态范围：±100°/s；

带宽：≥200 Hz。

(2) 工作条件

工作温度：−400～+600 ℃；

储存温度：−500～+700 ℃；

振动条件：4.2 g，20～2 000 Hz。

(3) 通讯接口方式

插座定义：采用标准串行 RS-232 通讯接口；

有效数据：32 位；

数据更新时间：2.5 ms；

数据传输波特率：115 200 bp。

(4) 数据格式

数据传输格式：每帧数据为 11 位，包括第 1 位为起始位(0)，第 2～9 位为数据位，第 10 位为偶校验位，第 11 位为停止位；

校验方式：偶校验；

有效数据：32 位(最高位为符号位，0 为正，1 为负)。

(5) 数据包格式

每次传输共包括 7 个字节，第一字节为帧头，第二字节为第一字节数据(低字节)，第三字节为第二字节数据，第四字节为第三字节数据，第五字节为第四字节数据，第六字节为第五字节数据(高字节)，第七字节为校验字节。

2) 实验测试

在对该光纤陀螺进行改造前，对其主要参数进行了实验室测试。

(1) 测试条件

测试设备：东南大学导航实验室的 SMT-I 型三轴模拟转台，该转台外框旋转轴已置竖直，且具有北向基准；

测试依据：《光纤陀螺仪测试方法》(GJB 2426A—2004)；

环境温度：5～10 ℃(由于当时实验条件，没有采取温控措施)；

测试内容：标度因数、标度因数非线性度、标度因数不对称性、零偏稳定性。

(2) 测试过程

标度因数系列:将光纤陀螺安置在测试转台内框中,且使光纤陀螺敏感轴平行于转台旋转轴,将光纤陀螺仪与输出测量设备连接好。以顺时针为正,在−20°/s、−18°/s、−16°/s、−14°/s、−12°/s、−10°/s、−8°/s、−6°/s、−4°/s、−2°/s、0°/s、2°/s、4°/s、6°/s、8°/s、10°/s、12°/s、14°/s、16°/s、18°/s、20°/s 等角速度挡进行检测,以 4.1 节的方法算得标度因数,以 4.3 节的方法算得标度因数非线性、标度因数不对称性。

零偏系列:将光纤陀螺安置在测试转台内框中,转动转台内框使光纤陀螺敏感轴水平,转动转台外框,使光纤陀螺仪敏感轴精确水平指向东向。将光纤陀螺仪与输出测量设备连接好,设置数据采集频率为 200 Hz,静态采集数据 2 h。以 4.3 节的方法计算出该光纤陀螺零偏稳定性。

(3) 测试结果

测试结果如表 8.1 所示。

表 8.1　F98H-M0902017 光纤陀螺仪测试结果

序号	项　　目	测试结果
1	标度因数(°/s/lsb)	−128 711.722
2	标度因数非线性度(ppm)	5.97
3	标度因数不对称度(ppm)	8.6
4	零偏稳定性(°/h)(10s 平滑)	0.057(温度条件没有达到)

由表 8.1 可见,通过缩小光纤陀螺的标度因数标定动态范围,可大幅度提高标度因数的标定精度。零偏稳定性数值略大于标称指标,可能与测试环境温度不符合要求有关。

总的来说,编号为 F98H-M0902017 的光纤陀螺仪实际技术指标与其标称技术指标基本相符。

8.1.3　电子手簿

在定向观测中,需要高频率地完成光纤陀螺数据读取、存储,以及快速地完成定向解算。因此,需根据光纤陀螺通讯接口要求,选择与之相匹配的电子手簿。

本原理样机采用的是型号为 PS236 的 Getac 手簿,如图 8.2 所示。该手簿主要参数如下:操作系统为 Windows Mobile® 6.1 Classic/ Windows Mobile ® 6.1 Professional;微处理器为 Marvell PXA310 806MHz;纵向 3.5"半穿反式阳光下可读显示屏、压敏型触控屏;存储和内存 128MB MDDR、256MB NAND Flash 和 4GB

图 8.2　PS236 的 Getac 手簿

iNAND。该手簿内置 GPS 接收器、电子罗盘、高度计，以及 300 万像素自动对焦摄像头，配备 RS232 串行端口和 USB OTG，可为各种工业应用提供高兼容性和灵活的连接。该手簿还具有最长 10 h 的超长电池续航能力，以及抗尘、抗摔、防水等野外使用性能。

8.1.4　陀螺电源开发

利用即插即用式光纤陀螺全站仪组合定向系统进行外业测量时，为了保证光纤陀螺在规定的时间内稳定工作，必须按照光纤陀螺的功耗设计一套便携式的光纤陀螺供电电源。

1）电池组设计

考虑到电源的便携性和可用性，电池本身充放电的时间和电池质量是必须考虑的重要因素。

现在市场上一般常用的蓄电池有三种：铅蓄电池、锂电池和镍氢电池。铅蓄电池容量大、发电稳定，但是质量大；锂电池质量轻，单节电池电压相对较高，但是放电电流不够，价格较贵；镍氢电池重量适中，价格便宜，容量大，可以按照规定的功耗组装相应容量的电池组，但使用过程中需要考虑到电池的记忆效应。本原理样机采用了镍氢电池来设计即插即用式光纤陀螺全站仪组合定向装置的供电电源。

光纤陀螺要求提供双路正负电压，并且初始上电时每路电流需达 1 A。为保证光纤陀螺稳定工作，电源需满足如下要求

（1）电源能够固定输出双路正负电压＋5 V、－5 V；

（2）正负通道均能够稳定提供最大 1 A 的电流；

（3）稳压精度为±1％。

为了保证光纤陀螺 7 h 的稳定工作，因此供电电源的容量必须至少为：2 A×7 h＝14 Ah（安时），放电电压为 5 V 以上。由于单节镍氢电池放电电压为 1.2 V，电流为 1 A，容量为 7 Ah，可以采用 10 节电池串联成 12 V 电压，同时和另外 10 节电池并联组成整个电池组，整个电池组放电电压 12 V，最大电流 4 A，容量为 14 Ah，可以保证光纤陀螺稳定工作 7 h。

2）稳压电路设计

电池直接给光纤陀螺供电容易造成电源波动，影响陀螺的正常工作，更为重要的是电池不能提供负电压，所以必须采用 DC-DC 模块进行稳压、变压。

为了提供±5 V 双路稳定电压，选用北京汇众公司 HZD10D-12D05 型号 DC-DC 模块，输入范围为 9～18 V，输出为±5 V，每路电流为 1 A，稳压精度为±1％，转换效率为 80％，功率为 20 W。光纤陀螺电源的设计电路如图 8.3 所示：在 HZD10D-12D05 模块的输入端和输出端设计了两个 56UF 的电解电容 C1 和 C2 用于滤波，在每路输出端加上 1 个

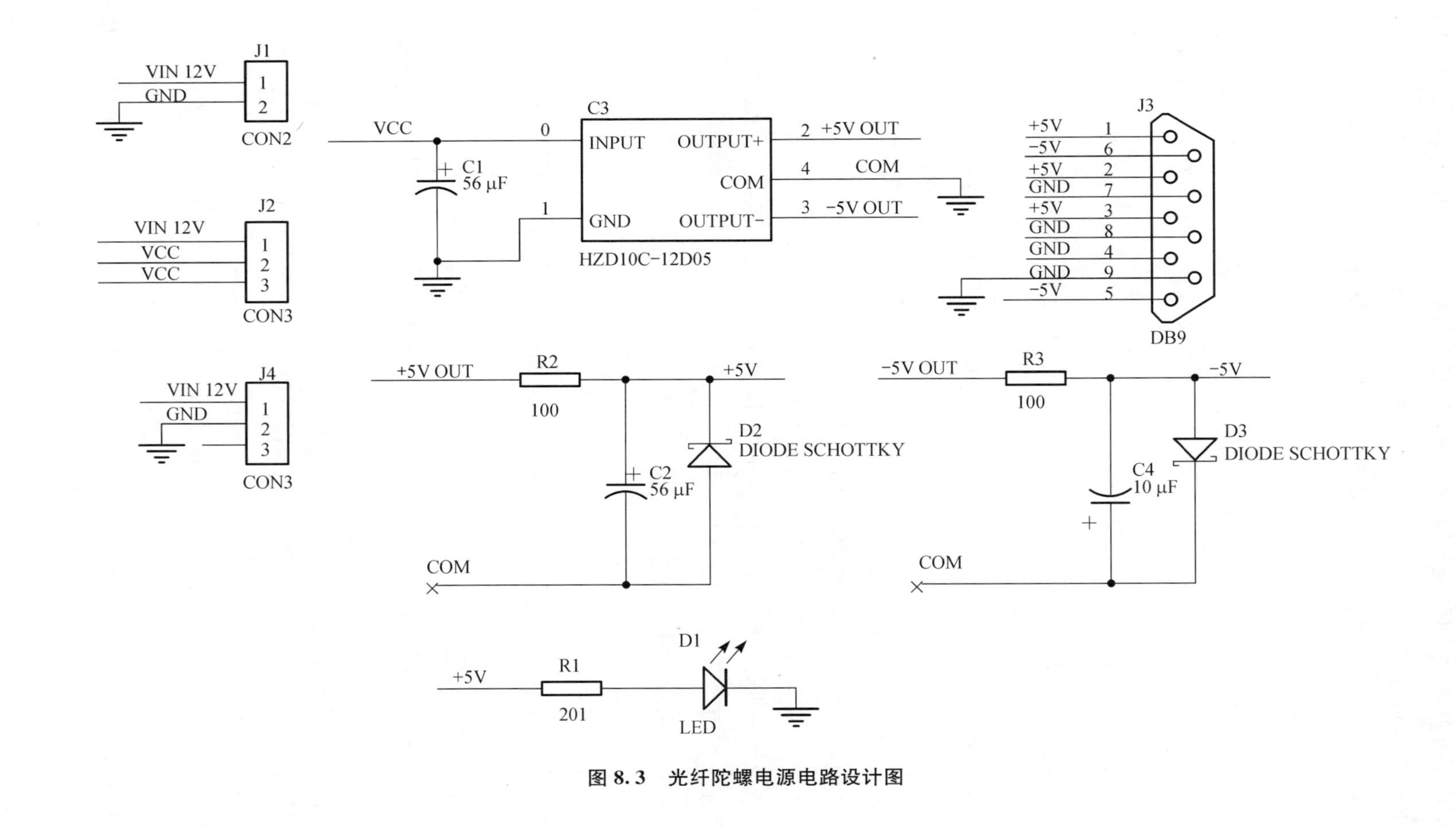

图 8.3　光纤陀螺电源电路设计图

100 Ω电阻，同时设计了肖特基管用于防止电源模块击穿。另外为了显示整个电源的正常工作状态，在输出端设计了红色LED(D1)。LED正常工作时电流为20 mA左右，所以在LED前面加了200 Ω的电阻，5V/200 Ω=25 mA，为本电源LED的正常工作时耗电电流。当开关J2打开时，LED灯会点亮发出红光，表示电源供电正常。光纤陀螺的数据端口有自己的定义，因此整个电源模块的输出采用DB9接口，并匹配光线陀螺和数据端口的定义。

3）电源集成

委托机械加工厂，加工出铝制电源外壳。将电池和稳压电路板置入电源外壳，形成光纤陀螺供电电源，如图8.4所示。该电源具有如下特点：

（1）散热性好。外壳内缘具有插槽，可将电池和稳压控制板分别插入插槽内，实现电池和稳压控制板分离；铝制外壳外缘具有散热片，增加了散热面积。

（2）便携性好。电源总质量不到1 kg，体积约16 cm×9 cm×5 cm。

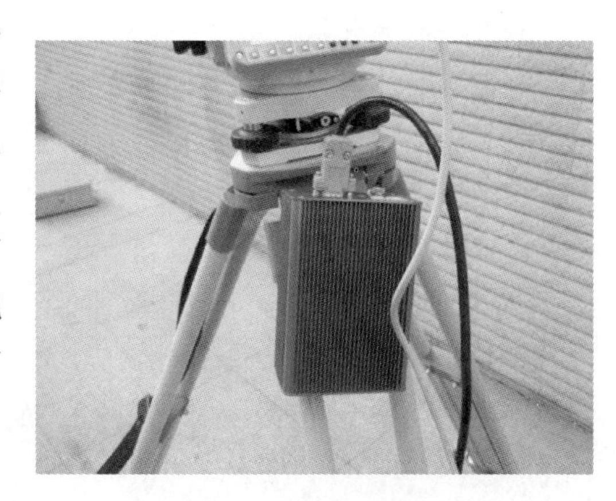

图8.4　光纤陀螺的自制电源

（3）使用方便。电源壳一侧具有卡扣，可以方便挂在全站仪三角架上；电源输出接口具有固定螺孔用于电源线固定；外壳具有电源开关和指示灯。

（4）供电性能好。电压稳定，理论上可持续供电7 h以上。

8.2　解算软件开发

8.2.1　软件整体功能

1）光纤陀螺数据读取、控制和存储

在东向位置、西向位置、东向补偿位置以及西向补偿位置进行观测时，能读取光纤陀螺高频输出的数据，能控制数据读取的开始和结束，能自动检测数据传输是否异常，能实时存储数据。

2）已知数据的输入

能在界面手工输入如下数据：

（1）测站经度L(°　′　″)、纬度B(°　′　″)、东向位置全站仪水平度盘读数(°　′　″)。

(2) 东向位置和西向位置水平电子气泡读数(″)。

(3) 垂线偏差的子午面分量(″)。

(4) 中央子午线 L_0(° ′ ″)。

3) 数据预处理

分别对东向位置、西向位置、东向补偿位置以及西向补偿位置等四个位置的光纤陀螺输出数据进行粗差检测和剔除。能将光纤陀螺直接输出量通过标度因数转换成角速度观测量,并能对测量值进行温度补偿。

4) 真方位角计算

利用粗差剔除后的观测数据分别计算得东向位置、西向位置陀、东向补偿位置以及西向补偿位置的光纤陀螺测量数据平均值,计算测站虚拟坐标纬度以及东向位置时全站仪视准轴真方位角。

5) 计算坐标方位角

首先计算子午线收敛角,然后计算东向位置时全站仪视准轴坐标方位角,并以"度分秒"的形式输出结果。

为了实现上述功能,利用 C++/C 语言编制了"FOG/TS 组合定向系统数据处理软件",如图 8.5 所示。软件使用环境:Windows mobile 5.0 及以上,工业级手簿(CPU 有效工作频率为 416 MHz 以上,内存 50 Mbyte 以上)。以下介绍编制该软件过程几个关键技术的处理方法。

图 8.5 定向软件主界面

8.2.2 光纤陀螺串口数据获取

即插即用式光纤陀螺全站仪组合定向系统中所使用的光纤陀螺数据是通过 RS232 串口输出的,所以数据处理软件中必须设置串口通信模块用以接收数据。

在 MFC 下的 32 位串口通信程序最简单的可以用两种方法实现:利用 ActiveX 控件,使用 API 通信函数。串口可以有两种操作方式:同步操作方式和重叠操作方式(又称为异步操作方式)。同步操作时,API 函数会阻塞直到操作完成以后才能返回(在多线程方式中,虽然不会阻塞主线程,但是仍然会阻塞监听线程);而重叠操作方式,API 函数会立即返回,操作在后台进行,避免线程的阻塞。无论哪种操作方式,一般都要通过四个步骤来完成:打开串口、配置串口、读写串口、关闭串口。

Microsoft Communications Control(以下简称 MSComm)是 Microsoft 公司提供的简

化 Windows 下串行通信编程的 ActiveX 控件，它为应用程序提供了通过串行接口收发数据的简便方法。MSComm 控件在串口编程时非常方便，程序员不必花时间去了解较为复杂的 API 函数，而且在 VC、VB、Delphi 等语言中均可使用。具体来说，它提供了两种处理通信问题的方法：一是事件驱动（Event-driven）方法，一是查询法。

事件驱动通讯是处理串行端口交互作用一种非常有效的方法。当串口发生事件或者错误时，MSComm 控件将触发 OnComm 事件，用户可在 OnComm( )中捕获事件|CommEvent，根据不同事件进行相应处理。这种方法的优点是程序响应及时，可靠性高。每个 MSComm 控件对应着一个串行端口，如果应用程序需要访问多个串行端口，必须使用多个 MSComm 控件。

查询方式以阻塞方式运行，通过不断检查 CommEvent 属性值有无变化来判断是否有通信事件或错误产生。

与通过 WIN32 API 进行串口访问相比，通过 MSComm 这个 Activex 控件进行串口访问更为方便。它基本上可以向用户屏蔽多线程的细节，以事件（发出 OnComm 消息）方式实现串口的异步访问。

尽管如此，MSComm 控件的使用仍存在诸多不便，例如其发送和接收数据都要进行 VARIANT 类型对象与字符串的转化等。因此，课题组自行编写了一些串口类，使用这些类，将可以更方便地操作串口。

串口模块中主要通过以下几个类完成数据通信功能：

(1) CComEngineCE 类：负责从串口不断地获取/发送数据流。

(2) CDatagramFilter 类：主要功能是将串口获得/要发送的数据流进行解码/编码，按照陀螺数据定义剔除错误的数据。

(3) CComReadWriteHandler 类：负责读写数据。

以上几个类与其他各类通过多线程编程技术协作完成所需要的功能。

8.2.3　大文件的快速读入

Win32 API 和 MFC 均提供支持文件处理的函数和类，常用的有 Win32 API 的 CreateFile()、WriteFile()、ReadFile()和 MFC 提供的 CFile 类等。一般来说，以上这些函数可以满足大多数场合的要求，但是对于某些特殊应用领域所需要的空间动辄几十 GB，甚至几百 GB，或者对于低内存低频率处理器来说相对巨大的数据量，再以通常的文件处理方法进行处理显然是行不通的。本软件的运行环境正是后一种情况，虽然几十兆的数据量并不大，但是面对快速实时的处理要求，需要以内存映射文件的方式来加以处理。

内存映射文件与虚拟内存有些类似，通过内存映射文件可以保留一个地址空间的区域，同时将物理存储器提交给此区域，只是内存文件映射的物理存储器来自一个已经存在于磁盘上的文件，而非系统的页文件，而且在对该文件进行操作之前必须首先对文件进行映射，就如同将整个文件从磁盘加载到内存。由此可以看出，使用内存映射文件处理存储于磁盘上的文件时，将不必再对文件执行 I/O 操作，这意味着在对文件进行处理时将不必再为文件申请并分配缓存，所有的文件缓存操作均由系统直接管理。由于取消了将文件数据加载到内存、数据从内存到文件的回写以及释放内存块等步骤，使得内存映射文件在处理大数据量的文件时能起到相当重要的作用。另外，实际工程中的系统往往需要在多个进程之间共享数据，如果数据量小，处理方法是灵活多变的；如果共享数据容量巨大，那么就需要借助于内存映射文件来进行。实际上，内存映射文件正是解决本地多个进程间数据共享的最有效方法。

内存映射文件并不是简单的文件 I/O 操作，实际用到了 Windows 的核心编程技术——内存管理。下面介绍本软件使用内存映射文件的方法。

首先通过 CreateFile()函数来创建或打开一个文件内核对象，这个对象标识了磁盘上将要用作内存映射文件的文件。在用 CreateFile()将文件映像在物理存储器的位置通告给操作系统后，只指定了映像文件的路径，映像的长度还没有指定。为了指定文件映射对象需要多大的物理存储空间还需要通过 CreateFileMapping()函数来创建一个文件映射内核对象，以告诉系统文件的尺寸以及访问文件的方式。在创建了文件映射对象后，还必须为文件数据保留一个地址空间区域，并把文件数据作为映射到该区域的物理存储器进行提交，由 MapViewOfFile()函数负责通过系统的管理而将文件映射对象的全部或部分映射到进程地址空间。此时，对内存映射文件的使用和处理同通常加载到内存中的文件数据的处理方式基本一致，在完成了对内存映射文件的使用时，还要通过一系列的操作完成对其的清除和使用过资源的释放。这部分相对比较简单，可以通过 UnmapViewOfFile()完成从进程的地址空间撤销文件数据的映像，通过 CloseHandle()关闭前面创建的文件映射对象和文件对象。

8.2.4 异常处理

本软件中使用了许多指针变量、数组容器，以及文件句柄、资源句柄等，涉及一些内存操作，所以必须有适当的异常处理措施以保证软件的正常运行。

内存分配方式有三种：

(1) 从静态存储区域分配。内存在程序编译的时候就已经分配好，这块内存在程序的整个运行期间都存在，例如全局变量、static 变量。

(2) 在栈上创建。在执行函数时，函数内局部变量的存储单元都可以在栈上创建，函数执行结束时这些存储单元自动被释放。栈内存分配运算内置于处理器的指令集中，效率很高，但是分配的内存容量有限。

(3) 从堆上分配,亦称动态内存分配。程序在运行的时候用 malloc 或 new 申请任意多少的内存,程序员自己负责在何时用 free 或 delete 释放内存。

发生内存错误是件非常麻烦的事情。编译器不能自动发现这些错误,通常是在程序运行时才能捕捉到。而这些错误大多没有明显的症状,时隐时现,增加了改错的难度。针对本软件涉及的模块,列举常见的内存错误及其对策如下:

(1) 内存分配未成功,却使用了它

编程新手常犯这种错误,因为他们没有意识到内存分配会不成功。常用解决办法是,在使用内存之前检查指针是否为 NULL。如果指针 p 是函数的参数,那么在函数的入口处用 assert(p!=NULL)进行检查。如果是用 malloc 或 new 来申请内存,应该用 if(p==NULL) 或 if(p!=NULL)进行防错处理。

(2) 内存分配虽然成功,但是尚未初始化就引用它

犯这种错误主要有两个起因:一是没有初始化的观念;二是误以为内存的缺省初值全为零,导致引用初值错误(例如数组)。内存的缺省初值究竟是什么并没有统一的标准,尽管有些时候为零值,我们宁可信其无不可信其有。所以无论用何种方式创建数组,都应该赋初值,即便是赋零值也不可省略。

(3) 内存分配成功并且已经初始化,但操作越过了内存的边界

例如在使用数组时经常发生下标"多 1"或者"少 1"的操作。特别是在 for 循环语句中,循环次数很容易搞错,导致数组操作越界。

(4) 忘记了释放内存,造成内存泄漏

含有这种错误的函数每被调用一次就丢失一块内存。刚开始时系统的内存充足,看不到错误。终有一次程序突然死掉,系统出现提示:内存耗尽。

动态内存的申请与释放必须配对,程序中 malloc 与 free 的使用次数一定要相同,否则会有错误(new/delete 同理)。

(5) 释放了内存却继续使用它

有三种情况:程序中的对象调用关系过于复杂,实在难以搞清楚某个对象究竟是否已经释放了内存,此时应该重新设计数据结构,从根本上解决对象管理的混乱局面。

函数的 return 语句写错了,注意不要返回指向"栈内存"的"指针"或者"引用",因为该内存在函数体结束时被自动销毁。

使用 free 或 delete 释放了内存后,没有将指针设置为 NULL。导致产生"野指针"。

用 malloc 或 new 申请内存之后,应该立即检查指针值是否为 NULL。防止使用指针值为 NULL 的内存。不要忘记为数组和动态内存赋初值。避免数组或指针的下标越界,特别要当心发生"多 1"或者"少 1"操作。动态内存的申请与释放必须配对,防止内存泄漏。用 free 或 delete 释放了内存之后,立即将指针设置为 NULL,防止产生"野指针"。

C++/C程序中,指针和数组在不少地方可以相互替换着用,让人产生一种错觉,以为两者是等价的。

数组要么在静态存储区被创建(如全局数组),要么在栈上被创建。数组名对应着(而不是指向)一块内存,其地址与容量在生命期内保持不变,只有数组的内容可以改变。

指针可以随时指向任意类型的内存块,它的特征是"可变",所以我们常用指针来操作动态内存。指针远比数组灵活,但也更危险。如果非得要用指针参数去申请内存,那么应该改用"指向指针的指针"。用函数返回值来传递动态内存这种方法虽然好用,但是常常有人把return语句用错了。这里强调不要用return语句返回指向"栈内存"的指针,因为该内存在函数结束时自动消亡。

8.3 原理样机集成及常参数标定

8.3.1 原理样机集成

对F98H-M0902017光纤陀螺进行改造。为了保护光纤陀螺在野外工作时,不受灰尘、水气污染,以及不受外力撞击,委托某机械厂利用铝合金加工了一个光纤陀螺保护盒,将光纤陀螺安装在保护盒里。保护盒正面具有数据串口,内部用数据线和光纤陀螺数据输出端口连接,保护盒背面有插销装置,可以插到全站仪望远镜的连接装置上,如图8.6所示。

对全站仪望远镜进行改造。加工一个具有卡槽、锁紧开关的连接装置。通过加长螺丝,将连接装置安装在望远镜一侧面盖板上,如图8.7所示。为了使连接装置重量尽量小、不易变形以及结实牢固,连接装置采用铝合金材料制成。改装后的光纤陀螺和连接装置总重约800 g。为了使重量平衡,将全站仪望远镜另一侧的盖板替换成约800 g的铜质盖板。

图8.6 封装入保护盒的光纤陀螺

图8.7 改造后的全站仪锁紧装置

将光纤陀螺封装盒、连接装置、铜质盖板喷上米色漆，实现和全站仪颜色的统一。

当需要进行定向时，通过连接装置，将光纤陀螺安插到全站仪望远镜上，并连接上电源及电子手簿，如图 8.8 所示。

当定向完成后，拆去光纤陀螺与电子手簿及电源的连接线，从全站仪上卸下光纤陀螺。将光纤陀螺、电源、电子手簿及相应的传输线装到一个仪器箱内，以便于携带，如图 8.9 所示。

图 8.8　光纤陀螺全站仪组合定向原理样机

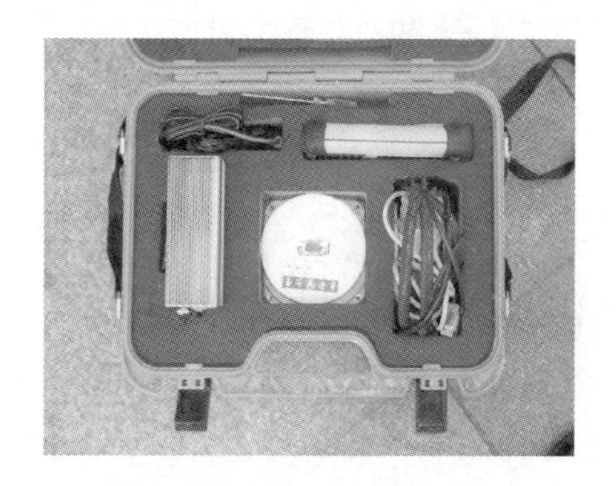

图 8.9　光纤陀螺及各附件设备箱

8.3.2　常参数实验室标定

即插即用式光纤陀螺全站仪组合定向原理样机的常参数出厂标定工作在东南大学导航实验室的 SMT-I 型三轴模拟转台上进行。该转台采用计算机进行操作控制，具有定位精度高、速率平稳、操作失真小及良好的动态特性，其内框、中框、外框角位置测量分辨率为±0.36″，三框的速率范围 0.001～400°/ s，速率精度 0.005°/ s(360°平均)。该测试转台经过专业安装，外框旋转轴已呈竖直状态，外观如图 8.10 所示。

图 8.10　SMT-I 型三轴模拟转台

图 8.11　光纤陀螺全站仪组合安装到转台上

标定过程如下：

第一步，将原理样机安置到测试转台，如图 8.11 所示。试验前，通过转台控制系统将转台中框和内框均放置水平；全站仪通过螺母将全站仪基座与测试转台内框平台固连，并通过旋转全站仪脚螺旋，利用全站仪水准管，使得全站仪竖轴与测试转台外框旋转轴平行。

第二步，全站仪望远镜固定。通过全站仪望远镜将光纤陀螺敏感轴尽量放置水平，并将全站仪望远镜竖直制动，此时全站仪竖盘读数为 154°57′29″。设置光纤陀螺输出频率为 100 Hz。

第三步，使测试转台外框旋转轴以 120°/s 的角速度顺时针旋转，在平稳转动情况下，每隔 0.02 s 记录一次光纤陀螺测量值，即每周均匀记录 150 次，记录 10 周，将记录的 1 500个光纤陀螺测量值取平均，得 $\Omega_P = -33.409\,022\,893\,597\,005°/s$；再使测试转台外框旋转轴以 120°/s 的角速度逆时针旋转，在平稳转动情况下，每隔 0.02 s 记录一次光纤陀螺测量值，即每周均匀记录 150 次，记录 10 周，将记录的 1 500 个光纤陀螺测量值取平均，得 $\Omega_N = 33.428\,159\,319\,364\,205°/s$。

第四步，利用式(6.13)算得光纤陀螺敏感轴与水平面间的夹角 ν 为 16°10′12″。

第五步，利用式(6.14)即可计算该组合的常参数

$$\theta_V = 154°57'29'' + 16°10'12'' = 171°07'41''$$

第六步，为了使该组合装置组合参数 θ_V 测定结果更加精确，重复测定一次。即松开全站仪竖直制动，转动全站仪望远镜，使全站仪竖盘读数为 171°07′41″，并竖直制动；重复第三、第四、第五步的标定过程，利用式(6.14)算得夹角 ν 为 0°0′13″，进而再次计算该组合的常参数

$$\theta_V = 171°07'41'' + 0°0'13'' = 171°07'54''$$

至此，完成了原理样机的常参数出厂标定，得到了该原理样机精确的常参数。

8.4　应用测试

8.4.1　测站作业过程

下面结合原理样机及其数据处理软件，介绍即插即用式光纤陀螺全站仪组合定向技术的测站作业过程。

1) 定向装置安置

在一已知点位大地坐标的控制点上架设全站仪，安装光纤陀螺，连接电子手簿及电

源，如图 8.12 所示。

图 8.12　定向器安装工作图

2）软件启动

启动定向系统数据处理软件，完成参数录入。打开电子手簿资源管理器，如图 8.13(a)所示，双击可执行文件“组合定向系统”，呈现软件首界面，如图 8.13(b)所示；稍后，跳出主界面图，如图 8.14(a)所示，点击“输入已知数据”进入图 8.14(b)界面，输入已知数据，点击确认后回到图 8.14(a)所示主界面图；点击“数据采集”，进入图 8.15(a)界面，点击“配置串口”进入图 8.15(b)界面，完成串口参数配置，点击“确认”回到图 8.15(a)界面。

需说明的是，在图 8.14(b)界面中的垂线偏差数输入中，由于在一个测区内，垂线偏差一般变化很小，可以测区中部某点的垂线偏差，或测区平均垂线偏差作为输入值输入；如果没有测区垂线偏差值，可以“0”输入。

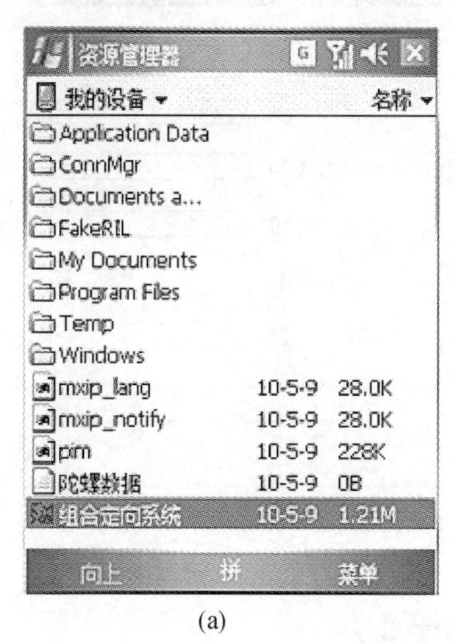

(a)

(b)

图 8.13　系统启动界面图

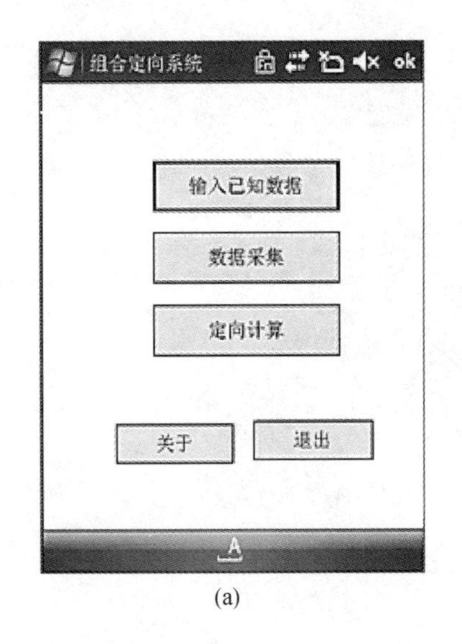

(a)

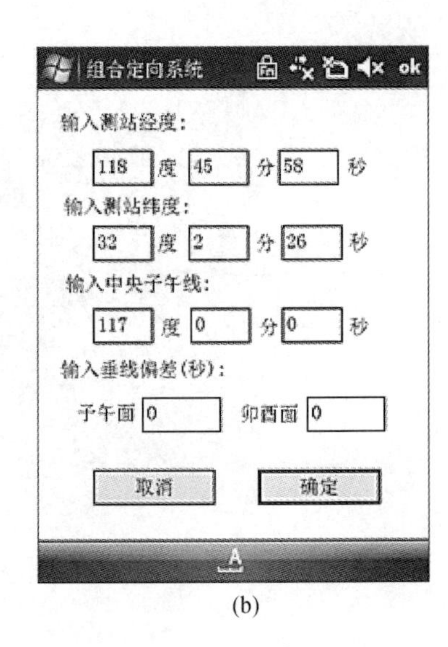

(b)

图 8.14 输入已知数据

3）东向位置数据采集

转动全站仪照准部，使光纤陀螺敏感轴概略指向东，转动全站仪望远镜使竖盘读数为常参数 θ_V。点击图 8.15(a)界面中的“输入东向位置全站仪数据”，进入图 8.16(a)界面，输入相关参数，点击“确认”，进入图 8.16(b)界面，输入采集时间，并在“欲采集的数据类型”下拉菜单中选择“东向”；点击“开始采集”，开始东向位置数据采集；数据采集期间，有关按钮会变灰，界面下方会有采集数据个数滚动显示。东向位置数据采集完成后，自动回到图 8.16(b)界面。

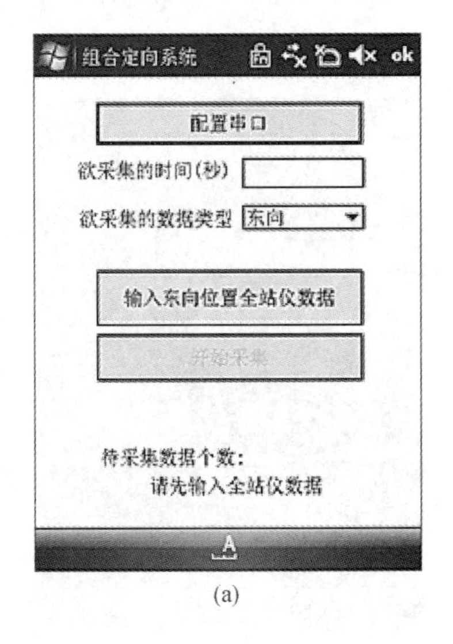

(a)

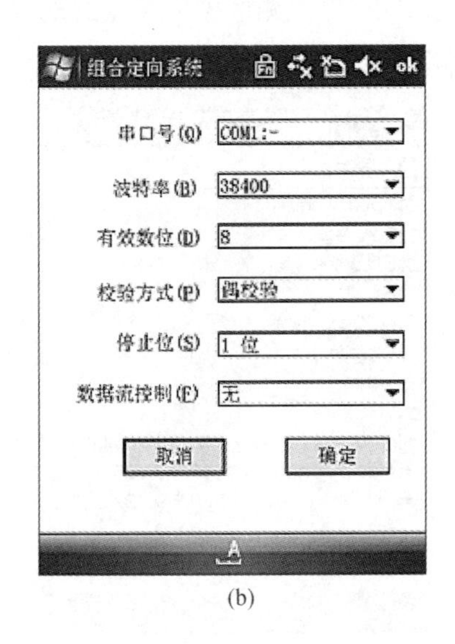

(b)

图 8.15 串口参数确认

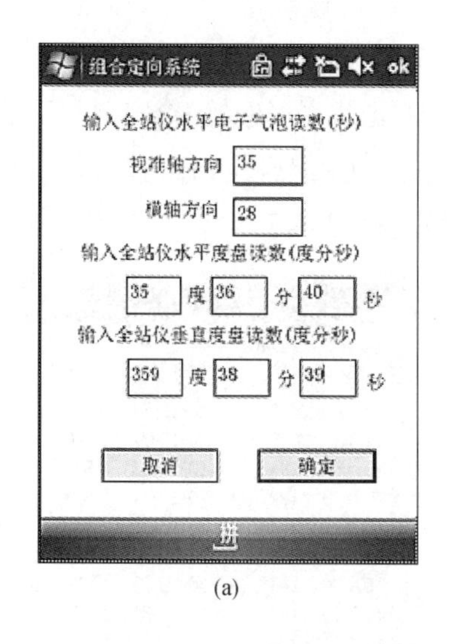

(a)

(b)

图 8.16　东向位置数据采集界面图

4) 西向位置、东向补偿位置、西向补偿位置数据采集

在“欲采集的数据类型”下拉菜单中分别选择“西向位置”，电子手簿界面下方会立即显示相应观测位置的水平度盘、竖直度盘读数，如图 8.17(a)所示。转动全站仪照准部、望远镜到相应的位置，然后点击“开始采集”进行西向位置数据采集。按相同方法完成“东向补偿位置”、“西向补偿位置”数据采集。在“西向补偿位置”采集阶段，界面多了“完成”按钮，如图 8.17(b)所示。“西向补偿位置”数据采集完成后，按“完成”按钮到图8.14(a)界面。

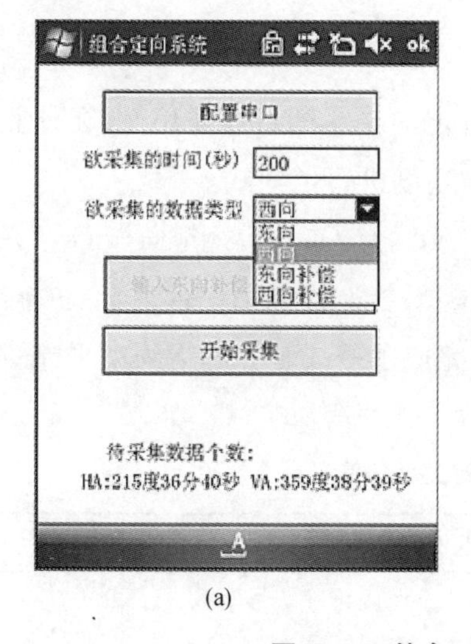

(a)

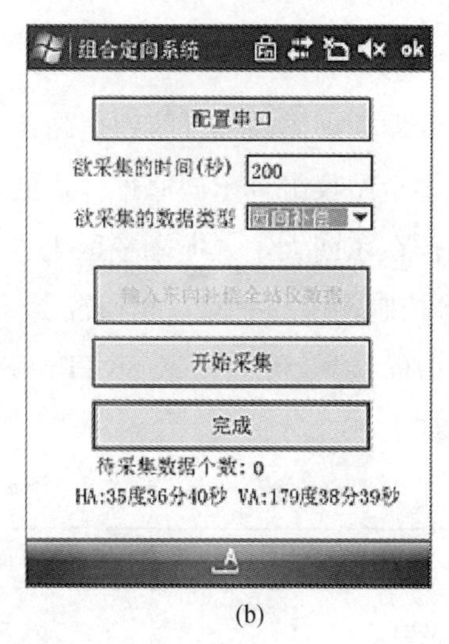

(b)

图 8.17　其余三位置数据采集界面

5) 定向解算

点击图 8.14(a)界面中“定向计算”，进入到图 8.18(a)界面，在“选择去粗差方法”下拉菜单中选择一个剔除观测值粗差的方法，然后点击“解算”即可得到东向位置全站仪视

准轴方向真方位角和坐标方位角的结果。确认解算结果后，点击图 8.18(a)中“确定”按钮，回到图 8.14(a)界面。点击图 8.14(a)界面中“退出”按钮，“组合定向系统数据处理软件”退出，解算结果和刚才采集的数据会分别以文件名“组合定向解算结果”和“×年×月×日×时×分陀螺数据”保存到电子手簿“我的设备”目录下，如图 8.18(b)所示。

(a) (b)

图 8.18　定向计算界面

需说明的是图 8.13～8.18 中数据仅是演示数据，并非现场测量所得。

8.4.2　实测验证

1）实测准备

为了检验即插即用式光纤陀螺全站仪组合定向技术的可靠实用性，在外业对即插即用式光纤陀螺全站仪组合定向原理样机的定向精度进行了测试。

测试工作在东南大学九龙湖校区内进行。测站点 G02、后视定向点 G07 来自于先前布设的 GPS 控制网中的一对互相通视点。该 GPS 控制网利用 3 台莱卡 530 接收机按照 C 级网技术指标施测，利用 LeicaSKI-Pro 软件完成了基线解算和无约束平差。该两点相关地理信息如表 8.2 所示。

表 8.2　测试点有关地理信息

点名	WGS84 大地坐标	高斯平面坐标(m)	坐标方位角	距离(m)
G02	B:31°53′11.6139″ L:118°48′48.8684″	x: 3 530 708.325 y: 20 671 593.776	85°32′58.7″	1 070.964
G07	B:31°53′13.7292″ L:118°49′29.5296″	x: 3 530 791.427 y: 20 672 661.511		

根据 3.3 节所述的全站仪视准轴垂直于横轴的检验方法，测得视准轴误差为 7″。

2）测试过程及结果

在点 G02 上安置全站仪，在点 G07 上树立测钎。本测试共重复完成了 15 次定向，每一次定向具体操作过程如下：

将光纤陀螺安插到全站仪望远镜上，接通电源和电子手簿。转动全站仪照准部，概略瞄准测钎后，水平制动，利用微动螺旋精确瞄准测钎底部，然后将全站仪竖盘放到常参数 171°07′54″处竖直制动。设置数据采集时间为 300 s，中央子午线为 117°，输入测站经纬度及全站仪倾斜敏感器读数，垂线偏差近似为零。以此为东向位置进行数据采集，然后依次完成西向、东向补偿、西向补偿等位置数据采集，解算出东向位置时垂直于横轴方向的坐标方位角。

解算完成后，断开光纤陀螺电源，将光纤陀螺从全站仪望远镜上拔出，然后再插上重新锁紧，并重新精确整平全站仪，重复上述定向过程。一共重复定向 15 次。

顾及全站仪轴系误差对瞄准目标的影响，由于从 G02 瞄准 G07 时视线竖直角很小，故在轴系误差改正中仅作视准轴误差改正。于是得到 15 个经过视准轴误差改正的东向位置时全站仪视准轴坐标方位角 $\hat{\alpha}$，如表 8.3 所示。

表 8.3　组合定向所得坐标方位角

次	$\hat{\alpha}$	次	$\hat{\alpha}$	次	$\hat{\alpha}$
1	85°34′26.7″	6	85°34′41.1″	11	85°32′24.9″
2	85°32′45.1″	7	85°33′08.5″	12	85°33′26.0″
3	85°32′25.2″	8	85°32′44.1″	13	85°31′59.9″
4	85°34′19.8″	9	85°33′25.6″	14	85°35′54.6″
5	85°32′26.2″	10	85°30′55.7″	15	85°33′53.5″

3）精度分析

（1）中误差

15 次重复定向平均值为

$$\bar{\alpha}=\frac{\hat{\alpha}_1+\cdots+\hat{\alpha}_{15}}{15}=85°33'15.8'' \tag{8.1}$$

改正数为

$$v_i=\bar{\alpha}-\hat{\alpha}_i \tag{8.2}$$

根据式(8.2)得相应改正数，如表 8.4 所示。

表 8.4　各改正数值

次	v	v^2	次	v	v^2	次	v	v^2
1	−70.9	5 026.81	6	−85.3	7 276.09	11	50.9	2 590.81
2	30.7	942.49	7	7.3	53.29	12	−10.2	104.04
3	50.6	2 560.36	8	31.7	1 004.89	13	75.9	5 760.81
4	−64.1	4 108.81	9	−9.8	96.04	14	−158.8	25 217.44
5	49.6	2 460.16	10	140.1	19 628.01	15	−37.7	1 421.29

定向中误差为

$$m_{\hat{\alpha}} = \sqrt{\frac{\sum v^2}{n-1}} \approx 74.8'' \tag{8.3}$$

进一步可得 15 次重复定向平均值精度为

$$m_{\bar{\alpha}} = \frac{m_{\hat{\alpha}}}{\sqrt{n}} = \frac{74.8''}{\sqrt{15}} \approx 19.32'' \tag{8.4}$$

(2) 系统误差检验

下面讨论定向成果与测试边已知方位角间是否存在系统误差。这类问题属于数理统计中的 t 检验理论范畴。

设有变量 x 的 n 个重复观测值($x_1, \cdots, x_n$),需要评估 x 的期望是否为 U。设

$$\bar{x} = \frac{x_1 + \cdots + x_n}{n} \tag{8.5}$$

$$v_i = x_i - \bar{x} \tag{8.6}$$

$$m_x = \sqrt{\frac{\sum v^2}{n-1}} \tag{8.7}$$

$$t = \frac{\bar{x} - U}{\frac{m_x}{\sqrt{n}}} = \frac{\bar{x} - U}{m_{\bar{x}}} \tag{8.8}$$

如果 $E(x) = U$，则 t 服从 $t(n-1)$ 分布的。设在 $E(x) = U$ 的情况下，但被误判为 $E(\bar{x}) \neq U$ 的概率为 p，查 t 分布表可得 $t_{p/2}(n-1)$。如果下式成立

$$-t_{p/2}(n-1) < t < t_{p/2}(n-1) \tag{8.9}$$

则没有理由认为 $E(x) \neq U$，也即应该认定 $E(x) = U$。

测试方向坐标方位角由 GPS 测得的 C 级网点平面坐标反算得到。根据《全球定位系统(GPS)测量规范(GB/T 18314—2009)》规定，C 级网相邻点基线分量中误差为 10 mm，则基线向量水平横向分量中误差也为 10 mm。于是可得该基线水平坐标方位角中误差为

$$m_{\alpha} = \frac{10\ \text{mm}}{1\,070.964\ \text{m}} \times \rho'' = 1.9'' \tag{8.10}$$

可见反算所得的坐标方位角精度 m_{α} 相对光纤陀螺定向精度 $m_{\hat{\alpha}}$ 高几十倍。同时，由于全站仪重新进行了精确对中整平及精确目标瞄准，全站仪对中及目标瞄准精度相对光纤陀螺定向精度也至少高出数十倍。因此，对测试边已知坐标方位角误差、全站仪对中误差、目标瞄准误差均忽略不计，即将反算所得的坐标方位角 $\alpha = 85°32'58.7''$ 作为真值。

根据式(8.8)，可得

$$t = \frac{\bar{\alpha} - \alpha}{m_{\bar{\alpha}}} = \frac{85°33'15.8'' - 85°32'58.7''}{19.32''} \approx 0.884\,01 \tag{8.11}$$

若取 $p = 0.1$，则查表可得 $t_{0.05}(14) = 1.761$。由于 $-1.761 < t < 1.761$，故应该认定 $E(\hat{\alpha}) = \alpha$，即本书所述的即插即用式光纤陀螺全站仪组合的定向结果没有发现有残余系统误差。

经过精度测试表明，即插即用式光纤陀螺全站仪组合定向的实测精度与理论分析相吻合，基本消除了系统误差影响。实验测试也证明，即插即用式光纤陀螺全站仪组合定向方法是可行的，数学模型是正确的，精度分析与实际是相符的。

由于定向精度主要取决于于光纤陀螺零偏稳定性的大小，因此，光纤陀螺零偏稳定性技术指标的改善对即插即用式光纤陀螺全站仪组合定向能否普及实用起到了关键作用。作为一种新型光电器件，光纤陀螺仪近些年来发展速度很快。相信随着光纤陀螺技术的不断发展，定向精度高、仪器成本低、可操作性好、携带方便的即插即用式光纤陀螺全站仪组合将在工程实际中得到普及应用。

参考文献

[1] 孙元亚,姚连璧.雅砻江锦屏水电站交通辅助洞施工控制与精度分析[J].现代测绘,2008,31(6):5-11

[2] 万朋,李广云,李宗春.下架式陀螺经纬仪逆转点观测方法探讨[J].测绘通报,2006(9):31-33

[3] 蒋庆仙,陈晓璧,马小辉.陀螺经纬仪的仪器常数及其测定[J].测绘科学,2008,33(2):152-154

[4] 齐永岳,董桂梅,林玉池,等.全自动陀螺经纬仪寻北技术研究[J].仪器仪表学报,2009,30(12):2647-2651

[5] Novac, Octavian, Jitescu, et al. Fiber gyroscopes for strapdown technology[J]. Proceedings of SPIE-The International Society for Optical Engineering, 2000,4068:543-548

[6] Sanders S J, Strandjord L K, Mead D. Fiber optic gyro technology trends—a Honeywell perspective[J]. Optical Fiber Sensors Conference Technical Digest, 2002,2(1):5-8

[7] Guo X Q, Wu K Y. North-seeker based on the modulation and output of a ring laser gyroscope[J]. Opto-Electronic Engineering,2001,28(2):11-13

[8] 蒋庆仙,马小辉,陈晓璧,等.光纤陀螺寻北仪的二位置寻北方案[J].中国惯性技术学报,2006,14(3):1-5

[9] 郭喜庆,魏静,王刚,等.速率光纤陀螺寻北仪倾斜补偿算法研究[J].光子学报,2007,36(12):2342-2345

[10] 林明春,夏桂锁,林玉池,等.电子罗盘在全自动智能陀螺寻北仪中的应用[J].光学精密工程,2007,15(5): 719-724

[11] 任春华,潘英俊,赵雪江,等.小口径光纤陀螺快速精密定向测斜研究[J].仪器仪表学报,2010,31(5): 1126-1131

[12] Ren Chunhua, Pan Yingjun, He Tong, et al. Research and Implementation of A New Orientation & Incline Instrument Used in Oil and Gas Wells[C]. 9th International Conference on Electronic Measurement and Instruments, 2009:11027-11030

[13] 于先文,王庆,郑子扬.具有安装误差抵偿功能的光纤陀螺/全站仪组合定向方法[J].东南大学学报:(自然科学版),2008,38(4):621-625

[14] 张德宁,万健如,韩延明,等.光纤陀螺寻北仪原理及其应用[J].航海技术,2006(1):37-38

[15] 王宇.基于光纤陀螺仪的捷联航姿系统研究与设计[D].南京:东南大学,2005

[16] 张桂才,王巍.光纤陀螺仪[M].北京:国防工业出版社,2002

[17] 孙丽,王德钊.光纤陀螺的最新进展[J].航天控制,2003,3(3):75-81

[18] 高希才.进入实用期的光纤陀螺[J].压电与声光,1993,15(2)

[19] J S S, K S L, D M. Fiber optic gyro technology trends - a Honeywell perspective [M]. Optical Fiber Sensors Conference Technical Digest,2002:5-8

[20] 张炎华,王立端,战兴群,等.惯性导航技术的新进展及发展趋势[J].中国造船,2008,49(10):134-144

[21] 王洪志,王彦国.新一代陀螺的发展及应用分析[J].光学仪器,2004,26(1):49-52

[22] 陈塞崎，袁冬莉，闫建国，等. 光纤陀螺综述[J]. 光纤与电缆及其应用技术，2005，6(6)：4-10
[23] 程加斌，张炎华. 光纤陀螺的研究评述[J]. 光机电信息，1996，13(10)：12-14
[24] A D. Fiber-optic sensors make waves in acoustics, control, and navigation[J]. Circuits and Devices Magazine, 1990, 6(6): 12-19
[25] X Q G, K Y W. North-seeker based on the modulation and output of a ring laser gyroscope[J]. Opto-Electronic Engineering, 2001, 28(2): 11-13
[26] L C. The fiber optic gyro and its applications: evaluation of iXsea products by LRBA[J]. Navigation, 2001, 49(195): 47-54
[27] Ruffin P B. Progress in the development of gyroscopes for use in tactical weapon systems[C]. Bellingham, USA, 2000: 2-12
[28] Murat E, Ozgur A, Levent G D R. Tarsus -a new generation state of the art tactical artillery survey and gun laying system[C]. Proceedings of the 2006 IEEE/ION Position, Location, and Navigation, Symposium United States, 2006: 256-265
[29] 卜继军，魏贵玲，吕志清. 二位置陀螺寻北仪静态误差分析[J]. 压电与声光，2000，22(5)：309-314
[30] 国家测绘局.《地籍测绘规范》说明[S]. 北京：中国标准出版社，1994
[31] 张志君，武克用. 基于光纤陀螺的定向瞄准组合系统研究[J]. 仪器仪表学报，2004，25(4)：182-183
[32] J S S, K S L, D M. Fiber optic gyro technology trends - a Honeywell perspective [J]. Optical Fiber Sensors Conference Technical Digest, 2002 2(1): 5-8
[33] 梁庆仟，周国良，黄晓峰，等. 单轴光纤陀螺寻北仪[P]，2006
[34] 高爽，宋凝芳，芦佳振，等. 一种适用于全光纤数字测斜仪的初始对准方法[P]，2007
[35] 张驰，张学庄，张艳祥. 高精度自动陀螺全能仪及构成方法[P]，2006
[36] 杨俊志. 全站仪的原理及其检定[M]. 北京：测绘出版社，2004
[37] 叶晓明，凌模. 全站仪原理误差[M]. 武汉：武汉大学出版社，2004
[38] 李征航，徐德宝，董挹英，等. 空间大地测量理论基础[M]. 武汉：武汉测绘科技大学出版社，1998
[39] 邬熙娟，王维，高俊强. 子午线收敛角和垂线偏差对陀螺方位角的影响[J]. 南京工业大学学报，2007，29(3)：94-99
[40] Ning J, Guo C, Wang B, et al. Refined determination of vertical deflect-ion in China Mainland Area [J]. Geomatics and Information Science of Wuhan University, 2006, 31(12): 1035-1038
[41] HuBiao W, Yong W, Yang L. High Precision Vertical Deflectionver China Marginal Sea and Global Sea Derived from Multi-Satellite Altimeter[J]. Geo-spatial Information Science, 2008, 11(4): 289-293
[42] 孙凤华，吴晓平，张传定. 中国陆海任意点垂线偏差的快速确定及精度分析[J]. 武汉大学学报(信息科学版)，2005，30(1)：42-48
[43] Tse C M, Baki IZ H. Deflection of the vertical components from GPS and precise leveling measurements in Hong Kong[J]. Journal of Surveying Engineering, 2006, 132(3): 97-100
[44] 欧海平，胡曙光，潘正华. 应用 GPS 与精密水准测定垂线偏差[J]. 城市勘测，2003(3)：16-17
[45] 王爱生. 利用 GPS 和水准测量解算垂线偏差[J]. 测绘通报，2002(2)：21-25
[46] 张志鑫，夏金桥，蔡春龙. 光纤陀螺标度因数分段标定的工程实现[J]. 中国惯性技术学报，2008，16(1)：99-103
[47] 金靖，张春熹，宋凝芳. 光纤陀螺标度因数温度误差分析与补偿[J]. 宇航学报，2008，29(1)：167-171
[48] 张娜. 光纤陀螺的动态性能分析[D]. 哈尔滨：哈尔滨工程大学，2012
[49] 韩军良. 光纤陀螺的误差分析、建模及滤波[D]. 哈尔滨：哈尔滨工业大学，2008
[50] 姬忠校. 光纤陀螺的性能改善技术研究[D]. 西安：中国科学院西安光学精密机械研究所，2011

[51] 张志君. 基于光纤陀螺的寻北定向技术研究[D]. 长春:中国科学院长春光学精密机械与物理研究所,2005

[52] 王飞. 陀螺经纬仪高精度定向误差分析及检定的研究[D]. 郑州:解放军信息工程大学测绘学院,2010

[53] 马小辉. 陀螺经纬仪检定方法研究[D]. 郑州:解放军信息工程大学测绘学院,2010

[54] 黎明. 陀螺全站仪性能及定向应用研究[D]. 郑州:解放军信息工程大学测绘学院,2008

[55] 中国矿业学院测量教研室. 矿山测量(上)[M]. 北京:煤炭工业出版社,1979

[56] 王洪兰. 陀螺理论及在工程测量中的应用[M]. 北京:国防工业出版社,1995

[57] 王巍. 光纤陀螺惯性系统[M]. 北京:中国宇航出版社,2010

[58] 邬熙娟,江国焰,高俊强. 子午线收敛角计算公式及计算精度分析[J]. 现代测绘,2005,28(6):22-25

[59] 宋丽君,张英敏,付强文. 光纤陀螺标度因数的精确标定与补偿[J]. 机械与电子,2006(12):27-30

[60] 左瑞芹. 光纤陀螺温度补偿技术研究[D]. 哈尔滨:哈尔滨工程大学,2006

[61] 李建忠. 用 GPS 测定垂线偏差[J]. 测绘工程,1999,8(2):34-37

[62] 孔祥元,梅是义. 控制测量学(下)[M]. 武汉:武汉测绘科技大学出版社,1996

[63] 田青文. 测量学[M]. 北京:地质出版社,1994

[64] 高成发,胡伍生. 卫星导航定位原理与应用[M]. 北京:人民交通出版社,2011

[65] 孔祥元,郭际明,刘宗泉. 大地测量学基础(第二版)[M]. 武汉:武汉大学出版社,2010

[66] 齐显峰,周巍,崔吉春. EGM2008 重力场模型计算中国地区垂线偏差分析[J]. 测绘技术装备,2011,13:6-8

[67] 宁津生,郭春喜,王斌,等. 我国陆地垂线偏差精化计算[J]. 武汉大学学报(信息科学版),2006,31(12):1035-1038

[68] 孙凤华,吴晓平,张传定. 中国陆海任意点垂线偏差的快速确定及精度分析[J]. 武汉大学学报(信息科学版),2005,30(1):42-46

附录　主要变量及符号释义

F	外力
Ω	角速度
Ω_e	地球自转角速度
Ω_F	光纤陀螺输入角速度
$\overline{\Omega}_F$	光纤陀螺测量值(输出角速度)
$\Delta\Omega_F$	零偏
m_F	零偏稳定性
θ	全站仪度盘读数
θ_V	光纤陀螺敏感轴水平时,全站仪竖直度盘读数
β	角度
α	坐标方位角
D, d	距离
a	椭球长半径
b	椭球短半径
o_e	椭球扁率
e	椭球第一偏心率
e'	椭球第二偏心率
L	大地经度
B	大地纬度
x	平面纵坐标
y	平面横坐标
A	真方位角
M	磁方位角
δ	磁偏角
γ	子午线收敛角
l	经差

m	单位权中误差
u	垂线偏差
ξ	垂线偏差在子午面的分量
η	垂线偏差在卯酉面的分量
φ	天文经度
λ	天文纬度
ΔH	高差
$\Delta\zeta$	高程异常
C	全站仪视准轴误差
i	全站仪横轴误差
χ_C	视准轴误差 C 在水平面的投影
β_V	高度角
χ_i	横轴误差 i 对水平方向观测值的影响
τ	全站仪竖轴误差
τ_x	τ 在视准轴方向分量
τ_y	τ 在横轴方向分量
τ_E	τ 在卯酉面上的分量
τ_N	τ 在子午面的分量
χ_τ	τ 对全站仪水平角观测值的影响
R	圆或球的半径
V	速度
ϑ	周长
V_C	光速度
t	时间
λ	光的波长
T	光的周期
$\Delta\phi$	光波的相位差
Γ	光纤陀螺直接输出值
K	光纤陀螺的标度因数
ΔK	光纤陀螺的标度因数误差
λ_n	光纤陀螺的标度因数非线性度
λ_a	光纤陀螺的标度因数不对称性
λ_t	光纤陀螺的标度因数温度灵敏度

ε	观测值随机误差
m_F	光纤陀螺零偏稳定性
κ	定向观测东向位置时，光纤陀螺敏感轴与垂直于全站仪横轴的水平线间的夹角
μ	κ 在水平度盘面上的投影分量
ν	κ 在竖直度盘面上的投影分量
Λ	全站仪竖轴与测站的椭球面法线间夹角
υ	改正数